拒绝怀才不遇

——现在，发现你的优势

章 岩◎编著 | 适合渴望活出自己，
却在现实中不断受限的人们

中华工商联合出版社

图书在版编目(CIP)数据

拒绝怀才不遇 / 章岩编著. —北京：中华工商联合出版社，2013.11

ISBN 978-7-5158-0750-8

Ⅰ.①拒… Ⅱ.①章… Ⅲ.①成功心理–通俗读物 Ⅳ.①B848.4–49

中国版本图书馆 CIP 数据核字(2013)第 236902 号

拒绝怀才不遇

编　　著：章　岩
责任编辑：吕　莺　吴　琼
装帧设计：天下书装
责任审读：郭敬梅
责任印制：迈致红
出版发行：中华工商联合出版社有限责任公司
印　　刷：三河市燕春印务有限公司
版　　次：2014 年 1 月第 1 版
印　　次：2024 年 1 月第 2 次印刷
开　　本：710mm×1000 mm　1/16
字　　数：250 千字
印　　张：15
书　　号：ISBN 978-7-5158-0750-8
定　　价：68.00 元

服务热线：010–58301130
销售热线：010–58302813
地址邮编：北京市西城区西环广场 A 座
　　　　　19–20 层,100044
http://www.chgslcbs.cn
E–mail:cicap1202@sina.com(营销中心)
E–mail:gslzbs@sina.com(总编室)

工商联版图书
版权所有　侵权必究

凡本社图书出现印装质量问题,请与印务部联系。
联系电话:010–58302915

前　言

有一棵草气急败坏地质问锄地的农夫："瞧瞧你都干了些什么！你了解我的价值吗？我给人类带来了清新的空气，给大地带来了生命的绿意，我保护着泥土不被雨水冲刷，我让世界充满了生机……在千里沙漠，在茫茫戈壁，人们会因为有我的身影而欢呼雀跃，而现在，你竟然愚蠢地要除去我！"

农夫一边挥汗如雨，一边回应着草的抱怨："可惜你偏偏长在了我的麦田里！"

看了这个寓言，你的内心是不是感慨万千呢？的确，在现实生活中，有这样一些人，他们有丰富的工作经验，但工作业绩一直平平；他们具有吃苦和打拼的精神，但每每都以失败告终；他们满腹才华，却平庸地度过了一生……

命运似乎总在捉弄这些人，殊不知，决定他们命运的正是他们自己。

因为，一个人成功与否，很大程度上取决于他是否能发现自己的优势，并将它发挥出来！知道自己的优势是什么，并在自己的生活和工作中发挥出来，这样你才会成功。

成功者常常说："天下没有怀才不遇这回事。"某知名80后作家说得更俏皮："怀才就像怀孕，日子久了迟早会被发现。"但为什么很多人日复一日、年复一年地囿于"怀才不遇"的怨恨与叹息中呢？

有些人潜心于忙碌和奔波，却不知去发现和挖掘自己的优势，因而减缓了成功的速度，在摇头叹息之际将自己的命运交给了别人。

虽然有许多外力我们无法把握，但最起码我们能把握住自己。我们完全可以让自己的"不幸值"降到最小,而让自己的"幸运值"达到最大——只要我们学会发掘自己的优势。

科学家经研究发现,人类有400多种优势。只有了解自己的优势,才能找到发挥自己优势的最佳方法,并最大限度地发挥它们。可遗憾的是,大部分人根本不清楚自己的优势在哪。人生的平庸和失败,很多时候就是因为找不到自己的优势和不懂运用自己的优势。一个人必须有自己的核心优势,必须知道自己的价值在哪里,才能做成一番事业。

古人云:"人贵有自知之明。"人难得自知所以"贵",发现自己的优势不是一件简单的事。

本书从发现你一生的优势出发,阐明了发挥你的优势的重要性,并指导你在实际生活中怎样去发现自己的优势、稳固自己的优势、发挥自己的优势。

本书决非泛泛而谈的大道理,而是以中外成功者发挥优势获得成功的典型事例为切入点,通过形象而生动的事例,点拨你发现优势的作用,告诉你扩展优势的具体方式和方法,给你的生活以指导。

衷心希望通过本书能让读者正确地评价自己,发现自己的长处,肯定自己的能力,根据自己的优势安排自己的人生,活出最好的自己!

目 录
CONTENTS

第一章　自我优势自测：发现你真正的力量所在 ················· **1**

> 每个人身上都有优秀而独特的地方，这份优秀只属于你自己。而一个人成功与否，取决于他是否能发现自己的优势，并全力将它发挥出来。只有了解自己的优势，最大限度地发挥自己的专长，才能让你登上绚丽的人生舞台。

1. 优势，你人生球场的主力 ················· 2

2. 你也有自己的优势 ················· 4

3. 让优势主导你的人生 ················· 6

4. 清晰地认识你自己 ················· 8

5. 自我优势自测 ················· 9

6. 把你的优势列一张清单 ················· 13

7. 找到你最大的优势 ················· 15

8. 偏离主体优势的人，注定一事无成 ················· 20

第二章 **不断优化自己,改变劣势就是优势** ················· **31**

> 有些看似劣势的地方,只要你懂得转变它、利用它,它们就会变成你的优势。但是,并不是每一个人都能将劣势转化为优势,这首先取决于他对自我的充分认识。

1.不要让缺陷干扰了自我定位 ················· 32

2.打破劣势的局面,形成自己新的优势 ················· 34

3.转变你的劣势,换个角度看劣势 ················· 40

4.优势,劣势之所伏;劣势,优势之所倚 ················· 42

5.以人为师:学他人之长补己之短 ················· 45

6.把"不可能"变成"可能" ················· 48

第三章 **解开你的优势密码,充分发挥你的优势** ·············· **53**

> "人人是庸才,人人又是天才。"因为人人都有自己无穷的潜能和独一无二的优势,都有自己的最佳发展区。
>
> 不要相信所谓"最好的方法",永远都不存在"最好的方法",永远不要相信那些标准化的成才模式。
>
> 因为每个人的潜能和优势是不一样的,没有两个人是靠着同一条道路成功的,所以你没有必要去走别人走过的路。你的成功之道,就在于充分发挥你自己的优势!

1.敢于尝试是确认自己优势的前提 ················· 54

2.寻找自己的天赋,兴趣能促使潜能的极大发挥 ················· 57

3.唤醒你的无限潜能,让优势得到最大程度的开发 ················· 60

4.发现被埋藏的自我,发掘被埋藏的活力 ················· 63

5.做有挑战的事,通过挑战自我发现优势 ················· 67

6.操纵好情绪的"转换器" ················· 68

第四章　张扬性格优势：让每一种性格发挥出它的天赋 …… **73**

　　古希腊著名数学家、力学家阿基米德曾说过这样一句话："给我一个支点，我能撬起整个地球。"这种杠杆原理同样适用于你的事业。

　　性格就是支点，事业就是杠杆，以你的性格为支点，以事业为杠杆，撬起的就是成功和人生的辉煌。

1.审时度势，抓住发展自己的时机 …… 74

2.适可而止，有优势也应该当退则退 …… 75

3.让性格特点促进优势的发挥 …… 77

4.从事适合自己"气质特点"的职业 …… 82

5.根据性格选择自己的职业类型 …… 87

6.保持个性，你是独一无二的 …… 90

7.性格比能力更重要，千万不要做你不擅长的事 …… 93

第五章　提升自我，为优势补充潜在能量 …… **98**

　　提升自我的工具就掌握在自己手里，要不停地使用它们。如果斧子钝了，砍伐时就需要使更大的力气；如果机会少了，就需要花更多的精力，付出更多的艰辛……无论如何，只要持之以恒，就能保证成功！

1.不惜一切代价，走入良好的环境 …… 99

2凭借"机智优势"谋得成功 …… 101

3.勤奋是所有成功者必备的优势 …… 103

4.掌握口才优势，你将获益终生 …… 104

5.不懈求知，积累优势才能爆发胜利 …… 108

6.人缘优势，好人脉像呼吸一样必不可少 …… 110

7.肯定自我优势，突破自我设限 …… 114

8.战胜"自我放纵"这个敌人，才会有大的发展与进步 …… 119

第六章 制定目标，为优势指明方向 ·················· **124**

> 对于一个人来说，他目前拥有多少并不重要，重要的是，他打算获得多少。我们在世界上的价值相当于我们为自己预定的价值。一个心中有目标的人，有可能成为创造历史的人物；一个心中没有目标的人，永远都只能是一个平凡人。

1.给你的优势制定目标 ·················· 125

2.不做井底之蛙，追求长远目标 ·················· 127

3.明确人生的目标，上帝会给你力量 ·················· 130

4.化整为零：将大目标分解为小目标 ·················· 134

5.目标专一，优势威力才能最大化 ·················· 137

6.制定后续目标，挖掘优势潜力 ·················· 140

7.量体裁衣设目标 ·················· 141

8.适时调整你目标的方向 ·················· 143

第七章 立即行动，为你的优势保驾护航 ·················· **148**

> 机会的流失往往在反复考虑之间，所以，机会来时，你应打开大门迎接，立即行动起来，以免稍有迟疑便使你丧失即将到手的机会。伟大的成功，永远是属于少说多做的人，而不是那些一味等待的人。

1.停止行动之日，就是完全失败之日 ·················· 149

2.战胜拖延这个专偷行动的"贼" ·················· 150

3.一再等待，你的优势也会"等"成劣势 ·················· 155

4.抓住细节，就算只有"万分之一"的机会也不要放过 ····· 159

5.果断执行，机会只钟情不拖延的人 ·················· 162

6.制定计划，给优势加一张"必胜王牌" ·················· 166

第八章 **与时俱进，为你的优势"保鲜"** ················· **172**

　　任何优势都具有变化性和比较性，重要的是你要保持求知若渴的学习力和变通的思维，让你的优势跟上时代的潮流，为时代所认可，方能化优势为黄金！

1.强烈的"欲望"能促使优势发挥得淋漓尽致 ················· 173

2.居安思危，不断学习才能跟上时代潮流 ················· 176

3.安于现状，优势终变劣势 ················· 181

4.主动迎接变化，不断更新自己的优势 ················· 184

5.激活创新的意识，突破常规的路线 ················· 186

6.找到激情，扭转停滞的人生 ················· 189

7.只为致富找方法，不给贫穷找借口 ················· 193

第九章 **回顾失败，在过程中挖掘新的优势** ·········· **201**

　　失败给成功创造了机会，当你再度回到起点时，谨慎为之，并将注意力集中在过程上。利用这一方法，可使自己得到训练，当你再次出发时，便能有新的优势和新的进步。

1.敢想敢做是发挥优势的唯一捷径 ················· 202

2.别把困难在想象中放大 ················· 205

3.对人生不要太早下结论——暂时的弱势，不必自暴自弃 ··· 207

4.抛开负面的想象，学习积极的思考 ················· 211

5.坚持下去，锲而不舍才能成就传奇 ················· 213

6.再苦也要学会笑，因为笑容能帮你打开机遇大门 ········ 220

7.抱怨是最没意义的事情 ················· 223

8.把握好现在，不要为昨天叹息 ················· 226

第二章

自我优势自测：发现你真正的力量所在

每个人身上都有优秀而独特的地方，这份优秀只属于你自己。而一个人成功与否，取决于他是否能发现自己的优势，并全力将它发挥出来。只有了解自己的优势，最大限度地发挥自己的专长，才能让你登上绚丽的人生舞台。

1.优势,你人生球场的主力

为什么一些原本很有优秀潜质的人终其一生也未能成功?因为他们不了解自己的优势是什么,故常常过高或过低地估计自己的能力,本来有能力做成的事,结果因犹豫不决而错失良机;本来需积累力量、借助他人才能做成的事,结果因求胜心切而独自贸然出击。如何改变这种状况呢?关键是要清醒地面对自己,发现自己的优势,并利用自己的优势去获取成功!

你的生活是怎样的?你每天都过得轻松、快乐吗?每天所做的事情是让你离自己的目标越来越近,还是越来越远?你每天付出的宝贵时间、情感和激情都换来了最好的结果吗?……如果没有,那可能是因为你还没有发挥出自己的优势。只有了解自己,认识自己,找到自己人生的优势所在,进而才能更好地发展自己的优势,让自己的梦想因生活规划而实现。

优势就是你人生的主力,就好像在球场上,一个团队必须有一个其他团队所没有的优势,这样团队才能取胜。取己之长,补己之短,把自己的优势充分发挥出来,让优势成为你的主力。

有这样一则很有趣的寓言故事:

森林里住着各种各样的小动物,为了和人类一样聪明,动物们开办了一所学校。开学典礼的第一天,来了许多动物,有小鸟、小鸡、小鸭、小山羊,还有小兔、小松鼠。学校为它们一共开设了5门课程,有唱歌、跳舞、跑步、爬山和游泳。当山羊老师宣布,今天上跑步课时,小兔子兴奋地一下从体育场跑了一个来回,并骄傲自豪地说:我能做好我天生就喜欢做的事!而再看看其他小动物,有噘着嘴的,有搭拉着脸的……。第二天一大早,小兔子蹦蹦跳跳地来到了学校。老师宣布,今天上游泳课,小鸭也兴奋地一下跳进了水里。天生恐水,祖上又从来没人能游泳的小兔傻了眼,不但是小兔子,其他小动物更没了招。接下来,第三天是唱歌课,第四天是爬山课……以后发生的情况,便可以猜到了,学校里的每一天课程,小动物们总有喜欢的和不喜欢的。

这则寓言故事诠释了一个通俗的哲理,那就是"不能让猪去唱歌,让兔子学游泳"。要成功,小兔子就应跑步,小鸭子就该游泳,小松鼠就得爬树。千万不要拿自己不擅长的一面去和别人擅长的一面比,这样会打击你的自信心,让你一事无成。优势是你成功的主力。

打个比方,即使诸葛亮天天练武,恐怕也只能给关云长提鞋;爱迪生天天画蛋也成不了达芬奇;硬让姚明苦熬苦学几十年数学,他也只能成为庸才一个。懦夫可以派去站岗放哨,用的是他贪生怕死,一有动静就会逃回来报信之才;而勇猛者过于恋战反倒会贻误军机。所以,最重要的一条是想办法发挥自身的特长。在潜能开发上,也一定要根据自身的天赋、资质来开发自己的优势潜能,否则费时费力还讨不到好。

俯瞰当今,成功者的灿烂光环环绕着整个世界。罗纳尔多是足球先生,乔丹是篮球飞人,帕瓦罗蒂是美声歌王,杨振宁是诺贝尔物理奖得主,韦伯纳是企业家的楷模……这些精英之所以出类拔萃,是因为其自身的优势获得了最大限度的发挥。而普通的人们,在对这些精英深怀敬仰之时是否已经明白:优势不是这些精英的专利,每个人都有天生的优势。

成功者之所以能成功,是因为他们知道自己的优势在哪,不盲目地做一些自己不擅长的工作,他们利用自己的优势,把自己的优势发挥到了极致;相反,普通人之所以成为普通人,是因为他们还没能认清自己的优势是属于小兔子型的、小鸭子型的,还是小鸟型的。

所以,若要成功,就应该知道自己的优势是什么,然后将自己的生活、工作和事业发展完全建立在这个优势上,让优势成为你的主力军。

歌手金海心在成名之前曾面临两个选择,一个是向唱歌方向发展,另一个是向乐器演奏方向发展。她觉得她在这两方面都不错,不知如何选择,曾有一段时间为此而举棋不定。后来，作曲家三宝听了她的演唱之后，认为唱歌是她的真正强项(独特优势)，便建议金海心放弃乐器演奏，向唱歌方向发展。金海心听从了三宝的建议，不久就在歌坛这一激烈的竞争圈中脱颖而出，迅速成名。换句话说，金海心是靠发现、发挥自己的独特优势而取得成功的。如果金海心不能够根据自己的真正强项即独特优势做出正确选择，而是错误地向乐器演奏方向发展，很可能现在仍是一名一文不名的普通乐手。

时代在不停地发展，所以社会上又出现了很多职业，每种职业对从业者独特优势(或特长)的要求各不相同。如果你在学习或工作中很不顺利，甚至屡受挫折，千万不要灰心丧气，认为自己这也不行，那也不行。其实，并不是你不能做好，而是你像"让小兔子学游泳"那样入错了行。

按成功心理学观点，人类目前共有400余种独特优势，任何人都至少有一项，只要你能找出自己的独特优势，据此选择最适合自己的职业，敢于果断地跳槽改行，由入错行变为入对行，就像小兔子去跑步那样，充分地开发、培养和发挥自己的某项独特优势(或特长)，你就一定能反败为胜，取得最大的成功。

2.你也有自己的优势

每个人都潜藏着独特的天赋，这种天赋就像金矿一样埋藏在我们平淡无奇的生命中，那些总是羡慕别人而认为自己一无是处的人，是永远挖掘不到自身的金矿的。

一个穷困潦倒的青年，流浪到巴黎，期望父亲的朋友能帮他找一份谋生的差事。

第一章
自我优势自测：发现你真正的力量所在

"精通数学吗？"父亲的朋友问他。

青年羞涩地摇头。

"你懂物理吗？或者历史？"

青年还是不好意思地摇头。

"那法律呢？"

青年窘迫地垂下了头。

"会计怎么样？"

父亲的朋友接连地发问，青年都只能摇头告诉对方，自己似乎一无所长，连丝毫的优势也找不出来。

父亲的朋友对他说："可是，你要生活呀！将你的住处留在这张纸上吧！"青年羞愧地写下了自己的住址，急忙转身要走，却被父亲的朋友一把拉住了："年轻人，你的名字写得很漂亮嘛，这就是你的优势啊。你不该只满足于找一份糊口的工作。"

把名字写好也算一种优势？青年在对方眼里看到了肯定的答案。青年人受到鼓励以后自信了很多，他想：我能把名字写得叫人称赞，那我就能把字写漂亮；能把字写漂亮，我就能把文章写得好看……他一点点地放大自己的优势，看到了成功的希望。

数年后，这个青年果然写出了享誉世界的经典作品。他就是法国18世纪著名作家大仲马，他写的《基督山恩仇录》和《三剑客》受到了世界各国人民的喜爱。

名字写得好，也许你对此不屑一顾：这算什么！然而，不管这个优点有多么"小"，但它毕竟是一种优势。大仲马便以此为基础，扩大了他的优势范围。名字能写好，字也就能写好；字能写好，文章为什么就不能写好？

世间有许多平凡人，拥有一些诸如"能把名字写好"这类小小的优势，但由于自卑等原因而忽略了，没能抓住这些优势把它放大，结果失去了许多可以成功的机会，这实在是人生的遗憾。须知，每个平淡无奇的生命中，都蕴藏着一座丰富的金矿，只要肯挖掘，哪怕只是微乎其微的一丝优点的暗示，沿着它也会挖掘出令你惊讶不已的宝藏。

3.让优势主导你的人生

　　有一个法国人，在学习、工作和事业上都很不顺心。他没有好的家庭背景，只有中学学历，在一家小公司里从事打扫厕所卫生的工作。他对自己缺乏信心，觉得自己的人生充满了悲哀和无奈。几乎整整5年，他每天早上起床后，就一成不变地上班、干活，与有限的几个朋友来往。他已经接受了这种生活方式，认为自己的生活只能如此。

　　有一天，一位老人搬到了他的隔壁。这位老人号称不仅能预知未来，还知道别人的前生。每天上下班时，年轻人碰见老人都会和他聊几句。有一天，老人坐在年轻人身边，称已经感觉到了年轻人的前生。老人告诉年轻人，他的前生是拿破仑，是历史上最伟大的政治家、军事家和领导人之一。拿破仑虽然出身卑微，但却通过勤奋和努力从科西嘉岛的平民成为法国陆军的军官，最终成为法兰西帝国的皇帝。

　　年轻人表面装作极不相信地离开了，但心里却有了一种从未有过的伟大感觉。自此，他对拿破仑产生了浓厚的兴趣。回家后，他想方设法找来与拿破仑有关的一切书籍学习，他开始了解拿破仑的生活，以及他的领导才能、性格和品质方面的细节和优势。他慢慢地发现，自己身上也潜藏着一些同样的优势。他研究拿破仑在领兵打仗时表现出的领导才能、指挥才能和统帅才能，越来越发现自己也具有同样的潜能。

　　他开始研究其他军事将领，研究军事史，他还研读了商场和战场领导方法的书。研究过程中，他发现自己也具有历史上各国领导者表现出的许多相同的优势。这些优势越积越多，他在工作中的言谈举止也越来越像一位领导者。

后来，他主动请求改变自己的工作职位，承接一些他原先想都没有想过的任务。公司领导感觉到他不再是以前那个无所事事的员工，全身都透出一种精明能干的干劲，于是开始交给他一些具有挑战性的工作。每次遇到更难的工作时，年轻人的反应已不再是胆怯和害怕，而是全身心地投入工作，并出色地完成任务。同时，他还利用业余时间学习与工作有关的业务知识。就这样，他所了解的知识越来越多，经验也越来越丰富，职位也得到了不断的提升。

经过几年的进步，他完全摆脱了以前那种自甘平庸的心境，彻底转变成了一个大胆、自信的管理者，成了行业中的佼佼者。

这个年轻人的改变并不是奇迹。在他没有意识到自己的优势潜能之前，只能过着平庸且清贫的生活，他毫不反抗地任由噩运摆布，浑浑噩噩5年多而无所获。但是，当他真的认为自己的前世是拿破仑以后，他对自己的人生态度有了改观，他开始以拿破仑的品质和处事方法来要求自己，从拿破仑身上学习他赖以成功的优势，从而使自己在无形中也具有了这些优势。在这些优势的塑造过程中，他的处事方法也发生了巨大的转变。他在不断进步中获得了优势，并发挥出了优势，所以在事业上也青云直上，成就非凡。

在现实生活中，有的人潜心于忙碌和奔波，却不知去发现和挖掘自己的优势，这就等于是忽视了"磨刀不误砍柴工"的重要性一样，延误了成功的速度。所以，要想早日登上成功的顶峰，最快的捷径就是：现在，就去发现能改变你一生的优势。

4.清晰地认识你自己

要想发现自己的优势,首先就要充分地认识自己。只有这样,才能真正做到把自己的优势挖掘出来,并发挥得淋漓尽致。

在希腊帕尔纳索斯山南坡上,有一个驰名古希腊的戴尔波伊神托所。在神托所入口的石头上刻着两个词,用现代话来说,就是"认识你自己"。古希腊哲学家苏格拉底经常引用这句格言,后世人们认为这是他讲的话。但在当时,人们则认为这句格言就是阿波罗神的神谕。这其实是家喻户晓的一句民间格言,是希腊人民的智慧结晶,后来才被附会到大人物或神灵身上去。两三千年前的这句格言直到今天对人们来说还有着同样重要的意义,它时刻提醒着人们认识自我、把握自我、实现自我。

发现自我优势的关键就是要认清自己。只有当你认识了自己之后,才能客观地评价和正确对待自己的优点和缺点;只有在知道了自己行为上的不足之处以及情感上的缺陷后,才能想方设法来克服这些不足——取人之长,避己之短。

美国跳水运动员格里格·洛加尼斯上学的时候很害羞,在讲话和阅读上都有困难,为此,他受到了同伴们不少嘲笑和捉弄,这令洛加尼斯非常沮丧和懊恼。洛加尼斯非常喜欢并且精通舞蹈、杂技、体操和跳水,他也知道自己的天赋在运动方面而不是学习。当认清这些之后,他开始专注于舞蹈、杂技、体操和跳水方面的锻炼,以期脱颖而出,赢得同学们的尊重。由于他的天赋和努力,他开始在各种体育比赛中崭露头角。

在上中学时,洛加尼斯发现自己有些力不从心了,因为无论是舞蹈、杂技、体操、跳水,都需要辛勤的付出,他不可能有时间和精力同时去做这么多事。他知道自己必须要有所舍弃,只能专注于一个目标,但他不知要舍弃什么、选择什么。这时，他幸运地遇到了他的恩师乔恩——一位前奥运会跳水冠军。经过对洛加尼斯的观察和询问，乔恩得出结论：洛加尼斯在跳水方面更有天赋。洛加尼斯在与老师的详细交谈之后，认为自己的确更喜欢跳水，以前之所以喜欢舞蹈、杂技、体操，是因为这些可以使他跳水更得心应手，可以为跳水带来更多的花样和技巧。他恍然大悟，于是专心投入到了跳水中。

经过专业训练和长期不懈的努力，洛加尼斯终于在跳水方面取得了骄人的成就。由于对运动事业的杰出贡献，洛加尼斯在1987年获得了世界最佳运动员和欧文斯奖，达到了一个运动员荣誉的顶峰。

从洛加尼斯的例子中我们可以知道，一个人要实现自己的人生价值，就得正确地认识自己。我们的成功融合了天赋才能、环境背景、技术及生活经验。无可否认，我们经常根据经济需求及家庭因素来决定人生的方向。不过，如果想要以最有效的方式来开创生活，就必须尽早地发掘我们天赋的才能，越早发现越好。

5.自我优势自测

每个人都有自己的优势和弱势，而你，就是优势和弱势的整体平衡者。人生的成败就在于能否成功地挖掘你自身的优势，并把这个优势发挥到极致。利用以下的测试，客观地找出你自己的优势吧！

测试开始：

(1)请想一想，与你身边的3个朋友比，谁最有魅力，最受异性的欢迎？

a.当然是自己

b.自己是最糟的

c.不知道

d.自己在四人中大概排第二

(2)当你和异性朋友交往时,父母劝你不可以跟那种人交往,要你马上与他(她)分手。对于这种情况,你会说:

a.“爸爸不要管我,我自己会负责。”

b.“我也正想和他(她)分手。”

c.“可是,他是一个很好的人呀,希望爸爸能了解他。”

d.“知道了,我会好好地想一想。”

(3)约会时,当他(她)好像很无聊的样子保持沉默时,你会说:

a.“不去旅馆吗？”

b.“怎么啦？心情不好吗？”

c.“咱们去别的地方玩吧！”

d.“回去吧！”

(4)当他(她)系着不适合的领带(围巾)很骄傲地对你说“这条不错吧！”时,你会说:

a.“不错！”

b.只是笑而不答

c.“没气质。”

d.“不错是不错,不过上次那一条更好看。”

(5)在结婚典礼的前一天中午,昔日的恋人突然出现,对你说:“每次想起过去,我就想紧紧地抱着你。”并向你提出要求时,这时你会:

a.殴打对方并说:“不要侮辱我！”

b.答应对方

c.很困惑,很尴尬,不知所措

d.婉言拒绝

(6)有人在一个男人的背后贴上了一张写有“混蛋！色狼！”的纸条,那个男人却没有注意到,这时你会:

a.提醒那个男人:“先生,请脱下西装看看。”

b.偷偷地跟身边的人说："你看。"

c.趁他不注意的时候把纸条取下来

d.默不做声

测试分析：

查看你在各测试中所回答的选项，并分别算出a、b、c、d各有几个。数目最多的那一组，就是你的类型。但是，如果有两组以上数目相同的话，那你就是e类型了。

(1)a类型的优势。

自信而有主见是你最大的优势。你对自己充满自信，有强烈的喜好和憎恶，有很强的独立意识。喜欢自己的问题自己解决，不喜欢他人过多地加入意见。你很有主见，做事从来不瞻前顾后，会朝自己认为对的方向努力。所以，你成大事的关键在于选准目标。只要选好了目标，再以你的全力去投入，你就可以取得一定的成就。

在为人处世方面，你是一个很直率的人，做事不喜欢绕弯子，有什么想法会很直白地表达出来，不在乎别人的看法和感受。所以，你要力求做到委婉一些，用圆润的方式去解决问题，这比你直截了当地表白更有效。

(2)b类型的优势。

良好的人际关系是你最大的优势。你外柔内刚，善于听从他人的建议和意见；你心思细密，善于替人着想，非常尊重他人的意见；你是一个有博大爱心的人，具有同情心的你和朋友们相处得很好，在朋友中有一定的威信，他们比较依赖你。

你是大家的开心果，任何时候都是话题多多、快乐无比，脸上常常挂着阳光般的灿烂笑容。温柔是你的一大魅力，你对任何人都十分亲切，所以大家都很喜欢你，而你也乐于助人，看到别人有困难一定不会袖手旁观。如果你在考虑问题上，能学会多为自己考虑一点，那样，你的生活会更加轻松和快乐。

(3)c类型的优势。

为人坦诚、敢于行动是你最大的优势。你的人生充满了知足常乐的温馨,能够从日常生活中得到许多乐趣。你处事比较宽容,对于一些细节问题不喜欢刨根究底,这让你身边的人觉得很轻松。你在人际关系中表现得像一个大大咧咧的人,从而受到很多人的欢迎。你很少发表自己的意见,但这并不表明你没有主见,你的心里是很明白的。

你行动能力强,做起事情来干劲十足,而且敢作敢为。如果你能在做事的时候加以适当的思考,或者找到一个聪明睿智的上司为你的工作做适当的指导,你就可以成为一个很有成就的实干家。

(4)d类型的优势。

做事充满理性是你最大的优势。你是一个非常理性的人,不管在什么时候,都能以理智的眼光来判断事物,这对你成就大业非常有帮助。你做事有明确的目标和取向,不会因为别人的意见而改变你的初衷和决心。

你善于思考,思维缜密、严谨,逻辑推理能力强。你对于工作认真细致,努力、认真是你最大的优点和魅力。任何事情你都会全力以赴做到最好,绝不会半途而废,而且你做任何事都有好成绩,因此常常成为别人的偶像。

(5)e类型的优势。

创新思维和丰富的想象力是你最大的优势。你对问题有极强的探索力,很喜欢对事物的深层内涵进一步思考和研究,所以能洞察很多事情的本质。你是朋友、同事的顾问和智囊,只要一遇到问题,他们一定会第一个想起你,你会提出中肯的意见,因此朋友们视你为良师益友。如果你能把自己的各种奇思妙想整理成具体的思路,并在实践生活中加以实施,就一定能取得你意想中的效果。

6.把你的优势列一张清单

大多数的成功者都是善于运用自己所有优势的人。他们不但珍视自己的优势，而且懂得不断地发现和挖掘自己的优势，发挥出这些优势的最大效应。

曾经有位52岁的先生找著名的演说家罗曼·文森特·皮尔咨询。他的意志极为消沉，表现出了极端的绝望。他说他"全完了"，他告诉罗曼·文森特·皮尔，他一生费尽心血建立的一切全都成了泡影。

皮尔看到他充满绝望的眼神非常同情，决心帮助他重新鼓起生命的信心和勇气。皮尔对他说："那么，我们拿一张纸，写下你剩余的财产。"

"没有了，"那个灰心的先生叹了口气说："我什么都没有剩下。"

但皮尔还是坚持让他写，于是问他："你太太还跟你在一起吗？"

"她当然还跟我在一起，而且我们感情很好。我们结婚30年了，不管事情有多糟，她都不会离开我。"那人回答。

皮尔又接着问："很好，我把这个记下来——太太还跟你在一起，而且不管发生什么事，她都不会离弃你。那么你的儿女呢？你有小孩吗？"

"有啊！"他答道，"我有3个子女，也都很棒。他们会一起到我面前说：'爸爸，我们爱你，我们会一直和你站在一起。'我每次都被感动得不行。"

"那么，"皮尔说，"这就是第二项了——3个爱你、愿意站在你身旁的子女。你有朋友吗？"

"有，"他说，"我有几个很不错的朋友。我必须承认，他们和我的关系一直都不错。他们会来看我，然后说想要帮我。但是他们能够帮什么呢？他们什么都帮不了。"

"那就有第三项了——你有一些愿意帮你而且尊重你的朋友。那么，你是否正直诚实呢？你有没有做过什么错事？"

"我的正直诚实没有问题。"他回答,"我一直坚持走正道。"

"很好。"皮尔说,"我们把这个列入第四项——正直诚实。你的健康呢?"

"我的健康情形不错。"他回答说,"我很少生病,我想我的身体状况应该不错。"

"现在我们又可以记下第五项了——身体状况不错。"皮尔说,"现在,我们把列出的资产看一遍:

一个好太太——结婚30年;

3个忠实的子女,愿意站在你的身边;

愿意帮助你并尊重你的朋友;

正直诚实——没什么羞耻的地方;

身体状况不错。"

皮尔把这张写好生命资产的纸递给他,说:"看看这个,我想你有不少资产呢。你并不是自己所想象的那样一无所有呀。"

这个灰心丧气的人看到纸上列举的资产,感到自己真的并不像想象的那么糟糕。"我想我当时大概没想到这些东西吧!我没有想到从这个角度来看事情。或许事情还不算太糟,或许我可以重新来过。"他果然没有了失望和颓废,振作了起来。

生活的打击、问题的复杂会使你的能量枯竭,使你觉得沮丧、筋疲力尽,在这样的情况下,你的力量是晦暗不明的。这时候,你必须能够再次评价你生命的资产。只要你有合理的态度,这个评定就会让你知道你并不像自己想的那么失败。

肖剑大学毕业以后,到一家私企就职,每月薪水3000多元,干的是自己喜欢的专业,可谓春风得意。可是近来的情况变得很糟,他整天情绪低落,甚至开始酗酒,因为他的感情生活遭到了巨大的打击。在这种糟糕的状态下,他的工作开始频频出错,时常没来头地怠慢同事。上司多次找他谈话,暗示他已不再受欢迎，他只好选择辞职。他绝望了，甚至想到了自杀。

为了挽救肖剑，朋友们想了许多办法，但都未能奏效。后来，他们请来了一位心理医生。医生拿出事先准备好的表格让肖剑填写，方法很简单，只是要求肖剑用彩色笔将他认为符合的条款着色。几分钟后，医生接过肖剑填好的表格，在页眉写上"肖剑具有以下6种人生优势"的标题。

医生把肖剑的优势列出来，并鼓励他在这些优势方面努力。肖剑重新振作了起来，找到了一份工作，虽然薪水大不如前，专业也不太对口，但他干得非常投入。他时常把他的优势清单拿给朋友们看。他说："我年轻，有健康的身体，有专业知识和经验，有知心朋友……足够了，这些优势足以让我幸福地生活。"

人都有缺点，也许有很多还很严重，但同时也有许多优点。人生的最大价值是由你最突出的优点来决定的，这方面最明显的例子是影视、体育明星。一个人如果总盯着自身的缺点、劣势，就如同永远站在阴影下一样，只能让心理负担越来越重，直至精神崩溃。当你为自己列出一份优势清单后，你会发现，自己有很大希望，完全有不消沉的理由。

每个人都有一笔丰富的资产，如果你不善于去发现它、运用它，它就会沉睡在被人遗忘的角落。把你的优势列成一张清单，会让你感到自己并非一无所有，让你看到自己的生活中还有无穷的、可以支持自己的力量。只要你把自己所有的优势都清点起来，你会发现，你还有很多可以运用的资本。

7.找到你最大的优势

莫扎特7岁那年在莱茵河畔法兰克福开完音乐会以后，有个14岁的少年走到他跟前说："你演奏得很精彩！可我总学不好。"

"为什么？你再试试看,如果不行,就作曲吧。"

"我会写诗……"

"那也挺有趣。写好诗大概比作曲还难吧?"

"不难,容易极了。你可以试试……"

同莫扎特谈话的少年是歌德。歌德没有作过曲,莫扎特也没有留下诗,但他们都利用攻其一点的方法把自己的特长发挥到了极致,所以他们的成功都是辉煌的。

洛威尔说:"做我们的天赋所不擅长的事情往往是徒劳无益的。在人类历史上,因为做自己不擅长的事情而导致理想破灭、一事无成的例子举不胜举。"很多人常常一时弄不清自己的优势所在或擅长什么,这就需要你在实际中善于发现、认识自己,不断地了解自己,做到取长避短,进而成就大事。

作家斯贝克一开始并没有意识到自己会成为作家,曾几次改行。开始,因为身高优势,他爱上了篮球运动,成了市男子篮球队队员;因为球技一般,年龄渐长,他又改行当了专业画家,但他的画技也无过人之处;他给报刊绘画时,偶尔写点短文,终于发现自己的写作才能,从此走上了文学创作的道路。

只有当天赋与个性完全和手头的工作相协调时,你做起来才会得心应手。在某一段时间里,你也许不得不做一些自己不喜欢的事,并为此苦恼,但是,你要尽早使自己从这种状态下解脱出来。英国散文家托马斯·卡莱尔说:"世界上最不幸的人要数那些弄不清自己究竟想做什么的人。他们在这个世界上找不到适合他们干的事,简直无处容身。"

有人问古希腊犬儒学派的创始人安提司泰尼:"你从哲学中获得了什么?"他回答说:"发现自己的能力。"如果我们缺乏发现自己的能力,也就是缺乏对自己的怀疑、反省、忏悔的能力,缺乏深入探究事物真相和本质的能力。

第一章
自我优势自测：发现你真正的力量所在

　　我们往往在还没有衡量清楚自己的能力、兴趣、经验之前，便盲目地追寻一个过高的目标——这个目标是和别人比较得来的，而不是了解自己之后确定的，所以经常会受到辛苦和疲惫的折磨。而真正的智者对自己的能力优势了如指掌，不会因为别人的评价而改变对自己能力的肯定。

　　1775年6月，在美国独立战争爆发几星期后，约翰·亚当斯在费城召开的大陆议会上提名大陆军总司令的候选人时，他站起来大声喊道："先生们！我知道这些条件是要求过高了，但我们都必须认识到，在此危急存亡之际，作为一位总司令，这些条件是必须具备的。会不会有人说，全国找不到一个这样的人呢？我可以回答你们，在我们中间就有一位。他，就是乔治·华盛顿。"大陆议会一致投票通过了亚当斯的提名。

　　然而，当时年仅34岁的华盛顿并没有如人们想象的那样欢欣雀跃，或轰轰烈烈地庆贺一番，而是"眼睛闪烁着泪花"，说了这样一句话："这将成为我的声誉日益下降的开始。"

　　华盛顿获得提名后，并没有陶醉于荣誉之中，而是保持着清醒的头脑，考虑到的首先是自己的能力与大陆军总司令所必须具备的条件之间的差距。他明白这一职务是对自己能力的挑战和考验，而不是表面的荣耀和权威。

　　众多的历史事实表明，正是由于华盛顿高标准、严要求地对待自己，所有这些都为他后来荣任美国第一届总统打下了坚实的基础。

　　了解自己的才能，能提高我们的自信心，让我们对生活更有满足感。

　　娜达莎是一位著名的化妆品销售员，但她却是从44岁起才开始对自己有了信心，并真切地感受到自己的价值。

　　娜达莎24岁时结婚，一直在家里做了20年的家庭主妇。当她的孩子出去念大学时，她已经44岁了。由于她的丈夫经常出差，她觉得生活十分无聊，有时甚至觉得很沮丧。于是，娜达莎决定找份工作。然而，她所学到的工作技巧仅仅是换尿布、洗衣服、照顾小孩和接送他们上下学,因此在她开始找工作的第一个月里,连一个机会也没有得到。

一天中午,在经过了两次失望的面谈后,她到一家餐厅用午餐。穿过大厅门廊时,她注意到一张招牌上写着:"如何从化妆品中致富免费研讨会,下午3点在紫阳大厅举行。"这时已接近3点,于是娜达莎想:何不去看看呢?反正也没有什么损失。

在接下来的一个小时的研讨会上,娜达莎终于发现了自己的才能。由于常年在家使用各种化妆品进行皮肤护养,娜达莎对化妆品非常熟悉。她对自己很有信心,深信自己可以将这些化妆品销售给她认识的每一个客户。果然,娜达莎凭着对化妆品的了解和工作的热情,在公司里工作得十分出色。没多久,她开始带其他的朋友加入到这个行列,并在公司里得到了晋升。

娜达莎说:"我喜欢这个行业。虽然世界上没有比家庭主妇更重要的工作了,但做了20年的家庭主妇后,我开始想,难道我所能做的只有这些事吗?我从没有试着去做其他的事,但现在我已经证明了自己可以做其他的事,为此我的自尊心也大大地提高了。我喜欢现在的自己,并且对于能帮助其他妇女让她们也察觉到自己潜在的能力感到兴奋不已。"

成功者之所以能够在人生和事业上取得非凡的成就,是因为他们能给自己准确定位,能看到自己身上的缺点和不足,然后付诸行动,不断改进和完善自己,使自己更加积极向上、充满活力。人最怕找不到自己的位置,尤其是在出了名、有了一定的地位之后,更难以知道天有多高、地有多厚。因而,即使顶着成功的光环,也不能做"珠光宝气"之"秀",而是要不断提高自己的人生标准,使自己的人生得以升华。

每个人都有自己的特长,你也不例外。只有充分发挥自己的才能优势,才能取得事半功倍的效果。所以,你所要做的就是找出你的才能优势,并适当地运用它。

认清自己的特长,在自己所擅长的方面进行努力,要比在自己陌生的行业里从头开始学习摸索容易获得成功。

2005年在南京举行的第十届全国运动会上，由于有了刘翔的火线加盟，一场水平并不高的十运会男子4100米接力比赛吸引了数万名观众和数百名记者。不过，飞人的这次客串并没有为上海代表团再添上一枚金牌。由于平跑不是自己的强项，因此尽管第三棒的杨耀祖和刘翔两人之间的交接棒堪称完美，但刘翔最终还是在直道上输给了广西的百米冠军龚伟，以39秒65的成绩帮助上海队获得了一枚银牌。

刘翔是110米栏的奥运会冠军，怎么在国内比赛中仅帮助队伍得了个亚军？其实，如果能够在跑道上放个栏架，刘翔就不会跑得这样没有节奏感了，无栏相阻反倒变成了刘翔的障碍。田径比赛里也是隔行如隔山，别看刘翔在110米栏中名列前茅，但到了完全靠身体吃饭的百米大战中，他的技术优势完全消失了，跑步的节奏性也完全失调了。这也充分说明即便是非常有实力的人，在陌生的行业里也是会摔跟头的。正如前NBA著名球星乔丹在第一次退役后去打美国职业棒球联盟，也是失意而归。

常常看到现在的家长给自己的小孩报名学这学那，一会儿是钢琴，一会儿是舞蹈，一会儿又是外语。希望孩子成材的想法没错，如果一个人能精通琴棋书画、天文地理、文韬武略，的确是一件好事，但这样多而笼统的教育只会使孩子学而不精，很多都只是肤浅地停留在表面，似是而非。妄想成为一个全才，还不如专心培养自己某一个方面或两方面的才能，使其学精学通。

武侠小说里很多江湖角色，武功不算最强，也并非出身名门大派，但却有一门独家绝技让人不敢轻视，比如拥有独门暗器、独家配制的药方、独到的武功绝艺等。现代人也应该这样选择几项专业，深入钻研，使自己能在专业上出类拔萃。

8.偏离主体优势的人,注定一事无成

如果偏离自己的职业兴趣、专业特长和实际能力去选择,你就会失去自己的优势。

想要成就一番事业,正确的做法应是注重自己的优点,朝着自己优点的方向设计路线,然后认真践行。

人们常说,要树立高远的目标。但仅有远大的目标是不够的,须知,千里之行,始于足下。箭发于弓,直中目标,从不偏离轨道,寻找别处的靶子。所以,我们制定目标时也不能偏离自己的主体优势。

在这个世界上,差异是我们每一个人存在的理由。一个人的个性(品质、特征、特长、爱好)应当成为他个人尊严最神圣的一部分,也是个人魅力之所在。缺乏个性或不能坚持个性的人不会得到人们的尊重和爱戴,必定是一个平庸之辈。个性具有内在价值,是一个人最宝贵的资源和财富。我们应当珍惜、保护和发展自己的优势(个性品质和情趣爱好),并为它骄傲,用以弥补自己的劣势,使自己成为自信、自强、独立、想象力丰富的人。优秀的、有独创性的人都有较强的个性,创造性就意味着与众不同,没有特质的个性,哪来的创新精神和勇气?

有这样两位年轻人,他们在同一单位工作,一位是日语翻译,一位是英语翻译。两人都是名牌大学毕业,能力不相上下,个个都是精力旺盛、风华正茂,在单位领导的眼里,两人都是未来的外贸部经理候选人。对此,两人心照不宣,在工作上暗暗较劲,你追我赶,每年的业绩完成得都非常理想。由于单位原先和日商合作,经常需要和日本人打交道,理所当然,那位学日语的年轻人有更多的机会在公开场合露面。不久,他在单位里的影响就超过了那位英语翻译。英语翻译坐不住了,照此下去,他肯定会处于劣势,可能还会失去晋升机会。于是，他决定凭着大学时选修过日语的基础，暗暗学习日语，准备超越对手。几年过去了，他拥有了一张日语等级证书。

他开始尝试着与日商进行会话，帮助营销员处理一些日文的翻译任务。同事们都对他掌握两门语言非常佩服，同时他自己也有一种成就感。但就在他为自己的成绩暗暗骄傲时，他在翻译澳大利亚商人的贸易合同时把关键词汇弄错了，给公司造成了至少10万美元的损失，虽然事后公司通过谈判挽回了部分损失，但公司董事长对此十分震怒。他十分内疚，反省再三，终于醒悟过来，这些年由于忙着学日语，他早已疏于对英语词汇的充实和温习，错误的发生是早晚会出现的。他在自己的专业上败下阵来，而他的日语即使再苦学几载，也无法与对手的水平抗争，为此，他后悔莫及。

无论在学习上还是工作上，一个人想击败对手，往往会忽视自己的主体优势，而沿着对手的思路进行思考，照搬照抄别人的做法，那样注定一事无成。为了避免你偏离方向，你要看清自己的优势，可以通过日常的生活、学习、工作看到自己的优势和优点，清楚自己的优势和优点在哪些方面，有什么地方突出。

对此，你需要做到"早"。早发现自己的不良习惯、行为和嗜好，早改进；早看到自己的优势和优点，早培养和早发展。譬如诚实、自信、坚强，或者一项技能，你只要拥有其中的一项，并且让它达到优秀，它就会成为你一生的资本。

本章链接：

发现自己的优势：盘点12种能力天赋

要了解自己的优势，先要自测一下这12种能力的高低（或强弱）。每人都有各自最强的和最弱的，几乎不可能有谁样样都强——因为某些能力彼此本来就是互相抵触的。的确存在某些常见的、可预测的执行能力组合方式，人们在某些方面强，在另一些方面必定会弱。

一般来说，人们会有两三种最强的能力，也有两三种最弱的能力，位于中间的其余几种意义不大，不会给你招致麻烦。但是，了解并善用最突出的这几种将会让你取得更大的成功，同时助你尽可能避免或减少失败。你身上最强的那几种将会决定什么样的任务、人际关系和职业生涯最适合你，而最弱的那几种则显示出你应该避开什么。

1.自制力

我们每个人可能都见过"说话不经过大脑"的人，这就是缺乏自制力的表现。自制力约束你说话或做事的冲动，给你时间去评估一下情形是否合适，某种举动是否恰当。

自制力测试

仔细阅读下列问题，在1~5的数字中勾出最符合你的那一项，然后把总分加起来。

	完全不同意	有点不同意	无所谓同意不同意	有点同意	完全同意
我会从容做决定	1	2	3	4	5
我认为自己处事老练、得体	1	2	3	4	5
我说话前会想一想	1	2	3	4	5
我行动之前，会确保了解到全部情况	1	2	3	4	5
我很少做让别人不舒服的评论	1	2	3	4	5

总分：

2.工作记忆力

如果你买东西时从来不用列清单，照样能样样买齐，你就可能具有很强的工作记忆力。这种能力不仅仅是"记性好"，就好像你的记忆开关总是开着的——无论你有多忙，也无论你在做什么。工作记忆力包括执行复杂任务时记忆信息的能力，也包括运用以往经验的能力。

工作记忆力测试

第一章

自我优势自测:发现你真正的力量所在

仔细阅读下列问题,在1~5的数字中勾出最符合你的那一项,然后把总分加起来。

	完全不同意	有点不同意	无所谓同意不同意	有点同意	完全同意
关于事实、日期、细节,我的记性很好	1	2	3	4	5
我很擅长记住那些我答应要做的事情	1	2	3	4	5
我能很自然地记得有任务要完成	1	2	3	4	5
我会盯住要达到的目标	1	2	3	4	5
当我很忙的时候,我既能记得全局,也能记住细节	1	2	3	4	5

总分:

3.情绪控制力

如果你能控制住情绪,使之不妨碍你做事,你的情绪控制力可能较高。情绪控制力也就是为了达成目标、完成任务、控制行为时管理情绪的能力。它包括对自己做出积极评价、抑制负面评价,当你追求更重要的远期目标时,能够抑制住当前的满足感。

情绪控制力测试

仔细阅读下列问题,在1~5的数字中勾出最符合你的那一项,然后把总分加起来。

	完全不同意	有点不同意	无所谓同意不同意	有点同意	完全同意
工作时我能控制住情绪	1	2	3	4	5
我可以冷静地处理争执	1	2	3	4	5
小事不会影响我做事的情绪	1	2	3	4	5
当我受挫折或生气时,我能保持冷静	1	2	3	4	5
在一项任务完成之前,我能够控制住个人情绪	1	2	3	4	5

总分：

4.专注力

专注力是指专心做事的能力。如果你的专注力高，你会很容易集中精力做手边的事，且沉浸其中，屏蔽干扰。即使一天工作下来已经很累了，你还是会继续写完手边的报告，因为你明白，现在写完比明天早上再写要容易得多。你善于设定最后期限，因为你会紧盯着任务是否完成。专注力就是即使有干扰、疲劳、厌倦，也能集中心神的能力。

专注力测试

仔细阅读下列问题，在1~5的数字中勾出最符合你的那一项，然后把总分加起来。

	完全不同意	有点不同意	无所谓同意不同意	有点同意	完全同意
我在做事时很容易抵制干扰	1	2	3	4	5
我会专心致志做事，直至做完	1	2	3	4	5
集中精力做事很容易	1	2	3	4	5
即使受到打扰，我也能回去继续完成手边的事情	1	2	3	4	5
即使这件事冗长乏味，我也能专心做完	1	2	3	4	5

总分：

5.行动力

如果你喜欢立即行动，不愿拖到明天，你很可能属于行动力高的人。行动力也就是付诸行动、不拖沓的能力。"动起来"对你来说一点儿也不难——你倾向于行动导向，喜欢立即就做，喜欢及时并高效完成。账单一到，你会马上还款；4周之后完成就可以的工作，你会现在就着手；你一答应要做什么，就会立即行动。

行动力测试

仔细阅读下列问题,在1~5的数字中勾出最符合你的那一项,然后把总分加起来。

	完全不同意	有点不同意	无所谓同意不同意	有点同意	完全同意
一旦我接手工作,我喜欢马上就做	1	2	3	4	5
不管是什么事情,我都希望越早开始做越好	1	2	3	4	5
尽管我有更愿意做的事,但我还是能回去工作	1	2	3	4	5
一般来说,我做事喜欢趁早开始,不喜欢拖延做事情	1	2	3	4	5

总分:

6.计划能力

如果你的计划能力高,你的特征是井然有序、高效率、思路清晰。为了完成任务,你可能会做一个行动步骤表。当同事请求你的帮助时,如果停下来去帮他会导致你的任务完不成的话,你会拒绝他。你会衡量一下两个行动的潜在收益并作出取舍。计划能力还包括分辨事情重要程度的能力。它意味着,为了实现目标,你能够做出步骤规划,画出"路线图"。

如果你的计划能力较低,你会不确定该从何处着手,不确定什么更重要。因为刚想出一个全新的好主意,或是因为下属不停地问接下来要做什么,你会中止一个经过慎重考虑的项目。当一天过完的时候,你对第二天的安排没有明确的计划。

计划能力测试

仔细阅读下列问题,在1~5的数字中勾出最符合你的那一项,然后把总分加起来。

	完全不同意	有点不同意	无所谓同意不同意	有点同意	完全同意
当一天开始的时候,我对这一天要做的事情有清晰的计划	1	2	3	4	5
当我有一堆事情要做的时候,我会把重点放在最重要的事情上	1	2	3	4	5
对于我的远期计划,我已经做了计划表	1	2	3	4	5
我很善于挑出重要的事情并且紧盯不放	1	2	3	4	5
我很自然地将大任务分解成小任务,并设定时间期限	1	2	3	4	5

总分:

7.组织能力

要看你的组织能力如何,有个简单的办法:你自己的东西是否放得井然有序？如果你天生喜欢整洁,很注意细节,你的桌面上十分干净,没有一堆堆的文件(而且你喜欢这种整洁的局面),说明你的组织能力就比较高。组织能力也就是系统化地组织安排事务的能力。

相反,如果你的组织能力较低,你的东西会放得杂乱无章,常常放错地方,并且有时会找不到东西。你不大会系统化地整理东西,比如文档、电子邮件。你寄希望于别人帮你找到放错地方的东西。

组织能力测试

仔细阅读下列问题,在1~5的数字中勾出最符合你的那一项,然后把总分加起来。

	完全不同意	有点不同意	无所谓同意不同意	有点同意	完全同意
我是个井井有条的人	1	2	3	4	5
我很擅长组织整理自己的东西	1	2	3	4	5
我很自然地保持办公区域整洁有序	1	2	3	4	5
我很容易就能找到工作材料	1	2	3	4	5
对我来说,收拾整理一点都不难,比如整理电子邮件或要做的事情,等等	1	2	3	4	5

总分：

8.时间管理能力

如果你的时间管理能力较强，你的效率往往较高，能够按时完成任务，并且做事很有方法。当有人问起完成这个项目要多长时间时，你的估算准确度在90%左右。一天下来，你能够做完大部分的事情，即使有剩余也是些不太重要的。时间管理能力包含以下能力：估算你有多少可利用的时间，分配时间并按期完成。这种能力强的人会默认时间很重要。

如果你的时间管理能力较弱，那就意味着你经常不能按时完成任务。你主持召开的会议经常迟开或晚结束，有时这两种情形并存。一天工作结束了，你发现有将近一半的工作还没有做完——因为你常常会低估做完某事需要的时间。

时间管理能力测试

仔细阅读下列问题，在1~5的数字中勾出最符合你的那一项，然后把总分加起来。

	完全不同意	有点不同意	无所谓同意不同意	有点同意	完全同意
我会根据任务的时间要求来调整工作步调	1	2	3	4	5
一天结束时，我通常完成了当天的安排	1	2	3	4	5
我很擅长估算做事需要多长时间	1	2	3	4	5
我通常都能按时赴约	1	2	3	4	5
我制订每天的计划并且按部就班地实施	1	2	3	4	5

总分：

9.定义目标、实现目标的能力

这种能力是指制定目标，并跟进实现的能力。如果你已经实现了大部分为自己设定的目标，你的这种能力就很强。你倾向于任务导向，能够完成手上的工作，并达成远期目标。你会清除障碍、专注集中，不受无关事情的影响。你有能力设定目标,并跟进直至实现,不会因为其他有趣的事情而分心。

如果你容易受到眼前事情的局限,眼光放不长远,忘记关注目标,你的这种能力就比较低。你很难拒绝眼前的机会,尽管它们会妨碍你实现更重要的目标。你会对新点子感到兴奋不已,却总是不能实现它们。

定义目标、实现目标的能力测试

仔细阅读下列问题,在1~5的数字中勾出最符合你的那一项,然后把总分加起来。

	完全 不同意	有点 不同意	无所谓 同意不同意	有点 同意	完全 同意
即使遇到阻碍,我仍然会继续朝着目标努力	1	2	3	4	5
内心驱使我去实现目标	1	2	3	4	5
我善于取得优秀的绩效表现	1	2	3	4	5
为了长远目标,我能较容易地放弃眼前的舒适状态	1	2	3	4	5

总分:

10.灵活性

灵活性强,意味着你比较独立,能够整合新信息,适应改变并及时作出调整,能够独立自主地做事。灵活性就是修订计划的能力,对变化的适应能力。当面对障碍或新信息的时候,有能力制订出替代方案。

如果你的灵活性弱,你会不大愿意面对变化,不愿处理新信息。一旦你计划好了,你就不愿改变它,或是去寻找替代方案。以下情况可能会让你抓狂:当你有个重要的会议要参加,车子却无法发动;当你刚刚跟旅行社订好了行程,老板却要求你修改一下;当你正在洗车,却有人打电话找你;已经盘算好了晚餐的菜谱,却有一样重要调料买不到,等等。

灵活性测试

仔细阅读下列问题,在1~5的数字中勾出最符合你的那一项,然后把总分加起来。

	完全 不同意	有点 不同意	无所谓 同意不同意	有点 同意	完全 同意
我认为自己灵活性强,能够适应变化	1	2	3	4	5
处理问题时我会寻求不同的解决方法	1	2	3	4	5
我能从容应对突发事件	1	2	3	4	5
我很善于从他人的角度看问题	1	2	3	4	5
我能够随机应变	1	2	3	4	5

总分:

11.观察力

观察力低的话,你不会通盘考虑某个决定意味着什么。你容易鲁莽行事、忽视大局,容易重复同样的错误。你会仰赖感觉来作决策,会瞬间决定一件事,却从未想过这件事有可能影响深远。尽管前三次已经证明了它不管用,但你还是会用同样的办法。观察力低的一个迹象是你周围的朋友认为你做事抓不住重点。

观察力测试

仔细阅读下列问题,在1~5的数字中勾出最符合你的那一项,然后把总分加起来。

	完全 不同意	有点 不同意	无所谓 同意不同意	有点 同意	完全 同意
我很清楚某项任务是否适合我做	1	2	3	4	5
我时常回顾自己的表现并作出改进	1	2	3	4	5
我会抽身后退,观察当前状况,以便作出客观决定	1	2	3	4	5
我喜欢战略性地思考问题、解决问题	1	2	3	4	5
我可以回顾分析,看看哪里还可以做得更好	1	2	3	4	5

总分:

12.抗压性

抗压性是指在压力下也能应对自如,对不确定和变化能泰然处之。

如果你能够忍受模棱两可的状况,在危机中保持情绪稳定,你的抗压性就比较高。当任务时限被突然提前,你也能应付,甚至很喜欢熬个通宵去把它做完;家里的3个孩子在同一个晚上都有活动,你能从容地把他们分别按时送到。

如果你的抗压性低,面临危机的时候你会有很大的情绪压力。后面几个星期的事情都安排妥当了,你才会觉得安心。如果你作报告的时候出了个错,你会接连几日都责备自己;老板让你停下手上的事务,转而做另一件事时,你会很愤怒;当你刚刚把车开上高速,配偶却要求你在家附近的超市停一下,你会觉得受不了。

抗压性测试

仔细阅读下列问题,在1~5的数字中勾出最符合你的那一项,然后把总分加起来。

	完全 不同意	有点 不同意	无所谓 同意不同意	有点 同意	完全 同意
我喜欢在节奏快、要求高的地方工作	1	2	3	4	5
压力会让我发挥得更好	1	2	3	4	5
我喜欢充满变数的工作	1	2	3	4	5
若情势需要,我乐意冒险	1	2	3	4	5
我喜欢规矩和限制比较少的工作	1	2	3	4	5

总分:

你独特的优势能力组合

答完了全部测试题,请回头去统计一下你得分最高和最低的几项。这些就是你的能力优势和能力弱项。问卷的答案描绘出了你独特的能力结构,你的优势和弱项是相互关联的。

当你发现了自己的优势和弱项,你接下来就可以把阅读重点放在相关的章节上,因为唯有这几种才是你应该关注的重点。你也可能开始将其他人对号入座了——判断你周围的人能力的强弱。

下一步,你需要分析一下自己的能力组合,并衡量与这些强弱项相关的工作的难易程度。这些我们将在后面讨论。

第二章

不断优化自己，改变劣势就是优势

有些看似劣势的地方，只要你懂得转变它、利用它，它们就会变成你的优势。

但是，并不是每一个人都能将劣势转化为优势，这首先取决于他对自我的充分认识。

1.不要让缺陷干扰了自我定位

对于一个人来说，缺陷的存在确实是一件非常残酷的事情，可你不能因此自卑消沉。既然缺陷无法改变，我们就要正视它，把它当成前进的动力。这样一来，缺陷就有了价值，你的自我定位才不会受到它的干扰。

"假如我能站起来吻你，这个世界该有多美啊！"这是张海迪对自己的丈夫说过的一句话。可是，张海迪不能站起来，命运让她必须坐在轮椅上过她的一生。那么，在张海迪的眼里，这个世界就不美了吗？不是，在张海迪看来，这个世界依然美丽，只是自己只能坐在轮椅上欣赏它的美。缺憾的存在并不妨碍她笑对世间的心情。她有一个爱她的丈夫，有一个令许多健全人都羡慕的温馨的家。她不会因为自己的残疾而逃避世人的目光，相反，她更注重与人的沟通。她会让别人给她倒水，会让人帮她拿放在高处的东西，会让人推着她出席各种活动。做这些的时候，她丝毫没有觉得自卑、羞于见人，所以，她活得洒脱、活得幸福。

幼时的张海迪与常人无异，她也爱唱、爱跳、爱玩、爱闹。但不幸在她5岁时降临了，她被确诊为脊髓血管瘤，经过多次脊椎穿刺之后，病情仍不见好转。

1973年，全家人从农村返回莘县县城，那时的张海迪最想要的就是工作，她盼望能早日成为自食其力的人，但由于身体条件所限，张海迪一直待业在家。深深的自卑感困扰着她，特别是当她无意间发现了自己的病历卡，"脊椎胸五节，髓液变性，神经阻断，手术无效"赫然映入眼帘时，张海迪萌发了轻生的念头。

但在家人的帮助下，张海迪的情绪逐渐稳定了下来。

冷静思考之后，张海迪学起了针灸和一些医学知识，并为周围的人治病。在不断的学习和帮助他人的过程中,她看到了自己的价值,并从自卑的阴影中走了出来,最终活出了自信和光彩。

美国的国会议员爱尔默·托马斯曾说:

"我15岁时,常常为忧虑、恐惧和一些自卑所困扰。比起同龄的少年,我长得实在太高了,而且瘦得像支竹竿。我有6.2英尺高,体重却只有118磅。除了身体比别人高之外,在棒球比赛或赛跑各方面都不如别人。他们常取笑我,封我一个'马脸'的外号。我的自卑感特别强,不喜欢见任何人,又因为住在农庄里,离公路远,也碰不到几个陌生人,平常见到的只有父母及兄弟姐妹。

"如果我任凭烦恼与自卑占据我的心灵,我恐怕一辈子也无法翻身。一天24小时,我随时为自己的身材自怜,别的什么事也不能想。我的尴尬与惧怕实在难以用文字形容。我的母亲了解我的感受,她曾当过学校教师,因此告诉我:'儿子,你得去接受教育,既然你的体能状况如此,你只有靠智力谋生。'

"可是父母无力送我上学,我必须自己想办法。于是,我利用冬季捉到了一些貂、浣熊、鼬鼠类的小动物,然后在春天来时出售,得了4美元。之后,再买回了两头猪,养大后,第二年秋季卖得了40美元。凭这笔钱,我到印第安纳州上师范学校。住宿费一周1.4美元,房租每周0.5美元。我穿的破旧衬衫是我妈妈做的(为了不显脏,她有意用咖啡色的布),我的外套是父亲以前的,他的旧外套、旧皮鞋都不合我用,皮鞋旁边有条松紧带,已经完全失去了弹性,我穿着走路时,鞋子会随时滑落。我没有脸去和其他同学打交道,只有成天在房间里温习功课。我内心深处最大的愿望是有一天我能在服装店买件合身而体面的衣服。"

想想当时爱尔默·托马斯面临的处境是多么悲惨,生理的缺陷和生活的贫穷同时困扰着他。但托马斯没有消沉,在克服了自卑之后,他的人生之路越来越顺利,50岁那年,托马斯成了俄克拉荷马州的国会议员。

越研究那些有成就者的事业,你就会越加深刻地感觉到,他们之中有非常多的人之所以成功，是因为他们开始的时候有一些会阻碍他们的缺陷，促使他们加倍地努力而得到更多的报偿。正如威廉·詹姆斯所说的："我们的缺陷对我们有意外的帮助。"

不错，很可能密尔顿就是因为眼睛看不见了，才会下决心写出更好的诗篇来；而贝多芬可能正是因为耳朵聋了，才能心无旁骛地作出更好的曲子；海伦·凯勒之所以能有光辉的成就，很大程度就是因为她听不见、看不见，才促使她奋斗。

"如果我不是有这样的残疾，"那个在地球上创造了生命科学基本概念的人写道，"我也许不会做到我所完成的这么多工作。"达尔文坦白承认他的残疾对他有意想不到的帮助。

在现实之中，我们不能不承认自己在某些方面"确不如人"，这是很自然的事。

但是，这种现实的差距并不代表我们就是一个没有能力的"低能儿"，更不应把这种差距变为给自己低点定位的借口。

在成功与失败之间，在自信与自卑之间，其实只有一步之遥。任何选择上的错误都有可能造成无法弥补的事实——永远失败。

所以，我们要超越自卑，绝不能让自卑的感觉控制自己。我们每个人都不会是一个"十分完美"的化身，都有各自的缺陷，但我们也有自己突出的优点。突出你的优点，正视你的缺陷，给自我定好位吧！

2.打破劣势的局面，形成自己新的优势

这世上的每件事都存在着两面性，所以，有时看似完美的事，未必就代表圆满；而反过来，想起来有所缺憾的事，有时却能从另一方面带给人意想不到的惊喜以及收获。用西方人的话说就是："当上帝对你关上一扇门的时

候,定会为你开一扇窗。"

国王有7个女儿,这7位美丽的公主是国王的骄傲。为了装饰她们那一头乌黑亮丽的长发,国王送给她们每人100个漂亮的发夹。

有一天早上,大公主醒来,一如往常地用发夹整理她的秀发,却发现少了一个发夹。于是,她偷偷地到二公主的房里拿走了一个发夹。

二公主发现少了一个发夹,便到三公主房里拿走一个发夹;三公主发现少了一个,也偷偷地拿走了四公主的一个发夹;四公主如法炮制,拿走了五公主的发夹;五公主则拿走了六公主的发夹;六公主只好拿走七公主的发夹。于是,七公主的发夹只剩下了99个。

隔天,邻国英俊的王子忽然来到皇宫,他对国王说:"昨天我养的百灵鸟叼回了一个发夹,我想这一定是属于公主们的,这真是一种奇妙的缘分,不晓得是哪位公主丢了发夹?"

公主们听到这件事,都在心里说:"是我丢的,是我丢的。"

可是她们头上明明完整地别着100个发夹,所以都懊恼得很。只有七公主走出来说:"我丢了一个发夹。"

话才说完,七公主一头漂亮的长发因为少了一个发夹,全部披散了下来,王子不由地看呆了。故事的结局,当然是王子与七公主从此一起过着幸福快乐的日子。

如果说前六位公主的100个发夹代表着一种圆满、完美的人生,那么七公主少了一个,她的人生也就等于有了缺憾,但事实上,得到幸福的正是她。正因为这种缺憾的存在,才让未来充满无限的可能、无限的意外、无限的新鲜未知,这未尝不是一件值得开心的事。

其实,人都有缺憾的人生,问题只在于不同的人用不同的心态去面对,而结果也将完全不同。世上的事常常不只一种答案,对于很多事的判断都不能简单地归结为这个好,那个不好。由于长期以来所受的教导和固有的观念,遇见各种情况时,我们总是以别人为参照物,首先检查自己有什么地方没有做好,分析自己的缺点和瑕疵,然后信誓旦旦下定决心,下次一定改正,做得和别人一样。但是,问题也会随之而来,当我们做得和别人一样时,是不是就代表这是最好的呢?是不是就适合自己呢?

"金无足赤,人无完人",既然每个人都有他的缺点,那么,我们何不忽略这一切,或是干脆将所有的欠缺化作特色,活出自己的棱角和个性,演绎出自己的那份精彩!当你拥有了这样的心态,其实也就等于拥有了处事的精练豁达以及宠辱不惊。无谓去抱怨上天没有把我们塑造得完美无缺、无懈可击,因为完美并不意味着"一切都会好";同样,缺憾也不意味着不能获得成功、获得好人生。凡事没有绝对,所以,从现在起,请忽略缺陷而努力争取成绩,直到别人只看得见你的成就。

人们常说的一句话是:失败并不可怕,可怕的是自己不敢面对失败。而对于缺陷,我们要说的是:有缺陷并不可怕,可怕的是一个人总是对自己的缺陷斤斤计较,而不懂得回避它、忽略它,乃至遗忘它。

我们所在的这个时代,是一个以结果论英雄的时代,这并不纯粹是一种功利的现象,而是因为在忙碌繁华、高速运转的城市中,每个人都努力创造着自己的那片天空,搭建着自己的那座舞台。每个人的时间都有限,并不会总是留心别人,更不会总是留意你的缺陷,人们只会对于你在生活和工作中最终所显现的才华和能力叹息或喝彩。

而俗话说的"台上一分钟,台下十年功",换个角度理解也就是说,台下你所做的,别人是看不见的,人们所关注的只是你在台上所表现出的能力和成果。台下不为人知的一面,包括你的不足和缺陷、你克服它们的过程,只要你自己不总是提起,旁人也不会提起,你在台上的精彩才是最重要的。

美国前总统富兰克林·罗斯福在8岁时是一个非常脆弱胆小的男孩。他脸上的表情总是惶恐的,他的呼吸就像跑步后的喘气一样。一旦他被老师叫起来回答问题,立即就会双腿发抖,嘴唇不停颤动,回答得也含混不清,最后只能重新坐下来。此外,因为长有一口龅牙,他也不讨人喜欢。

换成其他的孩子,一定会对自身的缺陷十分敏感。但富兰克林·罗斯却从不自我怜惜,他依然保持着积极乐观的心态和奋发进取的渴望。他的自信激发了他无限的奋斗精神,他天生的缺陷促使他明白自己更应该努力奋斗。

他从不因为同伴的嘲笑而减少勇气,他喘气的习惯逐渐变成坚定的声音,他努力咬紧牙床不让嘴唇颤动,他用坚强的意志克服了自己的紧张。他不因自己的缺陷而气馁,甚至加以利用爬到了成功的巅峰。就是凭着这种奋斗精神,凭着这种积极心态,他终于成为美国总统。

在他晚年的时候,已经没有人再关注他曾有过的严重缺陷了。他用自己的人格魅力赢得了美国民众的爱戴,成为美国第一位最得人心的总统,而这种情况在美国的历史上前所未有。

罗斯福用他的骄傲和成就,彻底战胜或是说摆脱了自己的先天缺憾。就像经典电影《阿甘正传》的男主角一样,他确有不如人的地方,但他因缺憾所产生的独特性却也是非常珍贵的,并且,抛去缺憾不提,在他所擅长的领域,他甚至做得比一般人更加出色。

在大体相同的情况下,两个美国男人都聪明地选择了不去刻意修补自己的缺陷,甚至把缺陷作为动力、优势。阿甘克服了腿脚的缺陷,靠奔跑改变了命运,做出了许多不可思议的壮举;罗斯福则因为这份天生的缺憾,促使自己比别人付出更大的努力,并最终赢得了别人的尊重和赞赏。而当他们都做到了他们想做的,并取得了骄人的成就后,曾经的缺憾也变得不再重要了,人们看见的只是他们头顶笼罩的光环。

掌握局势,突破局限性,才能形成新的优势。在把劣势转化为优势的过程中,需要智慧,不能盲目地变,但同时非常重要的一点是,你要非常熟悉你所在的环境以及背景,甚至要做到眼观六路、耳听八方,综合各种因素条件。只有对全局有通透、全面的了解,你才能知道什么是目前社会所缺乏的稀有资源,也就是什么是优势,才能把握好时间和空间的各种客观要素,最大限度地把劣势变成优势。

当一个人面对困境、危难的时候,学会把劣势转化为优势更为关键,往往能够令人绝处逢生,平稳地度过难关。

当阿诺德·施瓦辛格成为一名职业演员的时候,他有一个弱点:浓重的奥地利口音。这本来是一个弱点,但是当奥地利口音和他扮演的动作英雄的魅力混合在一起出现在屏幕上的时候,他的弱点就变成了优点。口音成了他所塑造人物的一个特征,人们也纷纷仿效。

美国电视台的一个节目中曾有一个杰出的踢踏舞舞者,他被称为"木腿贝茨"。贝茨在早年失去了一条腿,这样的弱点会令大部分人放弃成为职业舞者的梦想。但是对于贝茨来说,失去一条腿不是他的弱点,因为他把这种弱点变成了一种优势。他把一个踢踏板安装在木腿的底部,发展出了一种切分音式的踢踏舞风格,使他在演出中脱颖而出。

基金募集大师迈克尔·巴斯奥福因为将不被看好的成员发展为最好的基金募集人而闻名西方世界。他知道弱点可以转化为优点。比如说,如果基金会有一个"害羞"的秘书和他一起工作,他就会让那位"害羞"的秘书成为"最佳的倾听者"。很快的,捐赠的人就会迫不及待地要同这位害羞的员工谈话,因为她是一个绝佳的倾听者,她让说话的人感到自己非常重要。

美国励志大师史蒂克·钱德勒早年的一个弱点是同别人谈话的障碍。他对自己同别人交谈的能力没有自信,因此养成了给别人写信和写便条的习惯。熟能生巧,过了一段时间,他成了写信和写便条的高手,他把弱点转化成了力量,他写的信和便条拓展了他的关系网。

我们所有的弱点都是可以转化的,只要用足够的时间来思考它。一旦我们真正开始思考自己的弱点,弱点就很可能变为优势,种种创新的可能性将不断地涌现出来。

任何人只要愿意控制自己的弱点,愿意接受积极思想,就能够使自己的弱点发生变化。

畅销书作家兼名嘴傅佩荣在上小学时,隔壁搬来的新邻居家中的小孩说话口吃,他觉得好玩就跟着说,没想到自己因此而成为严重的口吃者。

那时候,傅佩荣上课很害怕被老师叫起来回答问题,每回都是面红耳赤,支支吾吾地说不出半个字,因而惹得全班哄堂大笑。别的班的小朋友知道了,还捉弄他邀他去他们班上演讲。

为了维持自尊,傅佩荣非常认真地念书,用功课来弥补口吃的缺憾。他说:"人生不能没有考验,口吃的毛病曾让我非常自卑,但同时也启发了我,可以在其他地方证明自己的价值。"

从小学三年级到高中,傅佩荣就这样生活在口吃的缺点的阴影下,直到高二时才去参加口吃矫正班,慢慢地学习说话技巧。而一直到耶鲁大学念完了博士,他才彻彻底底改掉了口吃的毛病。

傅佩荣在不断克服自己口吃的缺点的同时,努力提高自己的学识和修养,终于成了名嘴。

每一个人都有弱点。不同的是,一般人让弱点成为羁绊,一事无成;成功者却能克服,甚至开发自己的弱点,把弱点转化为优点,世界是公平的,绝不会因为一个人身体有缺陷而剥夺他的成功与幸福,也不会因为一个人性格的腼腆而掩盖他的荣耀和风采。每个人都有着相同的机会,关键要看人们是否有信心、有毅力去把握它。

那么,要怎样来克服自己的弱点,使自己的整体素质得到升华呢?

(1)克服弱点要学会正确看待自己的弱点。

我们不能将自己的弱点与自我想象的弱点混为一谈。大多数有自卑感的人总是把注意的焦点放在自己的弱点上,对不重要的事也把它夸大了来考虑,以为每个人都在注意这些事,而实际上并不是如此。

一些人强调自己性格上的弱点,然后又费尽心机地证明,"因为这个弱点,所以不能成功"。要解决这个问题,就必须先认识到我们每个人都能成功、快乐和坚强。所以我们必须决定自己打算要突出哪一方面的优势,而这一决定权在于我们自己。一旦我们选择突出自己的长处和优点,自卑感便会消失,一种强有力的能力便会取代我们的缺陷和弱点。

(2)要有积极的心态,这往往能使一个人将自己的弱点积极地转为最强的部分。

这种转化的过程有点类似焊接金属,如果有一片金属破裂,经过焊接后,它反而会比原来的金属更坚固。这是因为,高度的热力使金属的分子结构更为严密了。

(3)克服弱点要防止气馁。

我们性格中有一种普遍的弱点便是气馁,气馁必然导致失败。但如果我们能多坚持一下、多努力一下,结果可能会完全不同。

3.转变你的劣势,换个角度看劣势

劣势的定义是什么?是别人有,而你没有的?不,恰恰相反,劣势是你独有的东西,只是在此时此刻,它还不能创造价值,不能成为对你有用的一部分,所以才称之为劣势。那么,这样说来,在这样一个讲究个性、讲究独创性、讲究独有性的年代,有劣势大可不必皱眉头,你要做的是换一个角度看待劣势,想办法将其变废为宝,化为优势!

林艺师李声余以一名科技特派员的身份,于2005年初来到阳新龙港镇阮家畈村扶贫。这个村子虽然有300多亩橘园,但由于多年疏于管理,橘园内已杂草丛生,病虫害相当严重。而且橘子价格近年来持续偏低,可以说,橘园里的橘树毫无价值。

考察完以后,李声余总结出了造成阮家畈村贫困的几点原因:强壮的劳动力多半外出打工,留守在家的只是老人和孩子,致使农业生产搞不起来;村民对果树的嫁接、修剪技术等一窍不通,无法靠经营来维持橘园;许多农民对从事农业生产缺乏积极性,身为农民连自己吃的粮食都是买来的。

在村民大会上,村民们普遍认为现在橘子价钱太低,种橘子不划算,不如干脆将橘树砍掉,重新栽种别的果树。李声余对此极力阻止,他认为这么大一片橘园,砍掉重新建设的代价太大,而且收效时间较长,不利于村民脱贫致富,倒不如将其进行改造。

经过一番细致的考察,李声余发现与该村接壤的通山县种植的长红橙是一个好品种,不仅产量高、味道好,而且产地价每斤2元,超市价达到每斤6元。当年秋天,正好赶上长红橙嫁接的最佳季节,于是李声余与通山县一批技术熟练的农民一起,利用一周时间对阮家畈村300亩橘园进行了全面改造,每棵树的6~8个主枝头都嫁接上了长红橙。

经过两年的努力,一个已经荒废的橘园变成了硕果累累的橙园。

这是一个因"变通"而取得成果的故事,保持原有的"劣势",不将其彻底推翻根除,而是稍作变通,劣势就能由此变为优势,在短时间内获得实际的经济效益。整个事件,很有些"点石成金"的味道,而这种神奇并不难,它完全可以发生在你的生活中,把本来处于劣势的你变成优势。

而在优劣势的转换中,怎样才能够物尽其用、人尽其用也是一门独到的智慧。只有把自己放在最擅长、最合适的领域,才能成为优秀的人才。如果让爱因斯坦种田,他未必能比一个农夫种得好,此时他显然处于劣势;但回归到科学界,他便是一个时代甚至超越时代的人物。由此可见,合适的时间、合适的环境,对一个人或事物实在是太重要了。

我国商朝时期有位叫做伊尹的宰相。当由他组织土木工程建设时,他叫四肢强健的人负责挖掘,脊背、肩膀有力的人负责背运,而独眼的人负责测置画线,驼背的负责粉刷地面。如此安排,使人力资源各尽其用,每个人都做着自己擅长的工作,他们本身的劣势、缺陷则消失得无影无踪!

美国柯达公司在制作感光材料时,需要人进入暗室作业。但是问题来了,视力正常的人进入暗室时常会不知所措,难以适应。面对这种情况,有一位高层人员忽然有了灵感："惯于在黑暗当中生活的只有盲人,我们何不请盲人来做这项工作?"

结果这一方法果然奏效,盲人在暗室里远胜过常人,工作效率也大大提高了。

如作家亦舒所说,任何一样东西,都可能是"甲之砒霜,乙之熊掌",每一样东西都有它可取的地方和可利用的价值,关键在于你怎么发挥、利用它。所以,无论对于大公司、集体团队,还是对于个人,只要细致地分析自身各种能力之间的差异,并忽略或者巧妙地避开它的弊端,劣势就能变成优势。

以下几个建议可供参考:

第一,尝试一个新的做法,失败两次之后,你得思考一下:这是不是你的弱项?是该尽早放弃,还是该用别的方法?

第二,多次在某件事情上遭遇失败,特别是可能会造成严重后果的事情上,千万不要抱着侥幸的心理再去试一次。

第三,最明智的就是,要知道那是自己的弱点,不去浪费哪怕是一点点的力气。

4.优势,劣势之所伏;劣势,优势之所倚

中国古代伟大的哲学家老子曾说过:"福兮,祸之所伏;祸兮,福之所倚。"对于人生的优势和劣势,我们亦应该以这种辩证的眼光去看待,也可以说:"优势,劣势之所伏;劣势,优势之所倚。"

泰德·科克伦从销售和市场作业起家,后被提升为部门经理。

第二章
不断优化自己，改变劣势就是优势

在很小的时候，父母就要求泰德独立。他有一种强烈的成功欲，如果没有人愿意与他合作，他就一个人干，总之，一定要把事情做成。他是一个积极进取的人，一个爱独立思考的人，一个不倦的工作者，他总是能用自己的精力弥补整体的弱点。

他会迅速做出决定并立即付诸实施。只要是他认为值得做的，他就会想方设法地去做成，即使其他人都认为这不可能。

泰德现在管理的这个部门问题成堆：职员提升问题、岗位培训、质量控制标准等。为了弥补公司的弱点，泰德每天往返于各个分厂之间。当他埋头于应付各种问题时，他突然发现，自己不得不每天把17个小时用在工作上。而且由于公司人手过少，他不得不全面地参与每一项训练计划的制订和实施。当你读到这里时，是否能感觉到泰德的压力之大？

泰德过于自信，他常常自己制订一些计划，并付诸实施，而不去考虑其是否有充分的可能。他不善于简化工作，所以他工作的负担越来越重。

他个人的事务缠身，使他没有时间接触职员和开会。如果他不到会，那么会议的时间就会开得格外长，因为没有他无法做决定，而他又没有找人做代理。

3年后，泰德使公司情况发生了好转，但也产生了许多其他的问题，他不得不再安排一些职员来分担他过重的负担，他仍旧每天工作17个小时，两年都没有休假。毫无疑问，他会碰到一些个人问题，而这些问题反过来又会增加他的压力。

泰德把他的优势（独立）张扬得过了头，就成了劣势，这最终会削弱他的领导能力，影响到他的改革成果。

从前，有一个亿万富翁，闲来无事，便想弄一些新玩意来玩玩。

有一次，他在山崖边盖了一间富丽堂皇的大宅，然后从悬崖上建了一座又窄又长的独木桥，直通到他的大宅，然后说："谁能通过那座独木桥，安全地从悬崖上走到他的大宅里，大宅就属于谁。"消息一传出来，很多人都过来尝试。但是，那悬崖太高太险了，而那独木桥又太窄太长，很多人还没走到一半，就从悬崖上摔了下去，跌得粉身碎骨。结果，一直未有人能获得富翁的大宅子。

有一个胖子和瘦子，家里非常穷，可以说是上无片瓦，下无立锥之地。他们也听到了这个消息，也知道那独木桥很危险，但那大宅子对他们的诱惑太大了，于是，他们到富翁那里报了名。消息传出来后，人们都嘲笑那个胖子，认为他简直是自不量力，肯定会第一个掉下来。

瘦子身体轻，跑得快，他先到了悬崖边，上了独木桥。他身轻如燕，加上有备而来，走路特别小心，很快就到了独木桥的中间。这时，由于一路都没发生什么意外，他紧绷的神经也松弛了下来，心想：这桥也不是很难过呀，为什么一直都没有人能过去呢？是不是桥下有什么神秘的东西呢？强烈的好奇心一起，他再也忍不住了，偷偷地向桥下一望。这一望，坏事了，只见桥下山风呼啸，白云缭绕，隐隐约约还能见到桥下的片片白骨。瘦子只觉毛骨悚然，心中一慌，再也站不稳了，"啊"的一声惨叫，就从独木桥上摔了下去，变成了一堆肉泥。

胖子比较胖，跑得慢，这时刚刚跑到悬崖边，亲眼目睹瘦子从独木桥上摔了下去，吓得胆战心惊。但是，他已经报了名，只得战战兢兢地走上独木桥。他太胖了，而那独木桥几乎承受不了他的重量，每走一步都"吱吱"地直抗议。胖子提心吊胆地一步步在独木桥上走着，越走越心惊，走到后来，他几乎要趴在桥上。走了好久，他好不容易到了独木桥的中间，也就是刚才瘦子跌下去的地方。这时，强烈的好奇心也向他奔袭而来，他心想：瘦子刚才为什么要向下看呢？他到底看到了什么？他为什么会跌下去？为什么……这么多为什么一下子全部涌上了他的脑中，他很努力地控制自己的理智，不要向下望，但是，他最终还是没有控制住，也像瘦子一样偷偷地向下一看。他的命运是不是也像瘦子一样呢？没有，一切都没有发生。因为，胖子什么也没看到，他低头往下看时，只看到自己的大肚子。胖子安心了，他一步步地继续往前走，终于安全地过了独木桥，得到了富翁的那座大宅子。从此，他的人生改变了。

按理说,走独木桥这样的事情,瘦子是比胖子有优势的,但是,最后的结果却是瘦子跌落了悬崖,而胖子却获得了成功,赢得了大宅子。可见,优点有时会变成缺点,而缺点有时也会变成优点,它们之间是可以互换的。

两则生动的故事向人们揭示了这样深刻的道理:优势发挥过头就成了劣势;最大的劣势也有可能变成最大的优势。

只要我们以辩证的眼光看待自己的优势与劣势,就可以在发挥自身的优势时做到"中庸",并且巧妙地利用劣势来促成优势。这中间的道理是微妙的,真是"运用之妙,存乎一心"。

5.以人为师:学他人之长补己之短

没有人是完美无瑕的。努力找出自己和别人内在人格中的优点,保持或效法这些优点,努力改进其他不足之处,人格的特质才会日臻完善。

心理学家指出:没有所谓的坏人,只有所谓的坏行为,而坏行为是可以改正的。你可以选择你所钦佩的人,对照自己,找出自己的不良行为,努力效仿他们令人赞叹的特质。纵使在短时间内无法做好,也用不着沮丧,因为改造品格特质的事,可能需要用上一生的时间来完成。值得庆幸的是,这和其他的事一样,越花工夫,就会变得越好。

你要找的值得学习的人不必十全十美,当然,世界上也没有十全十美的人。你也不需要对他们进行单纯的英雄式的崇拜,而要着重学习他们引以为傲的能力。

许多成功者以前都失败过不只一次。歌剧明星卡罗素最初无法唱到最高音,所以他的歌唱老师好几次劝他放弃,但他仍然坚持唱歌,最后被认为是世界上最伟大的男高音;爱迪生的老师称他为劣等生,而且在以后的电灯发明中,他曾失败14000次之多;林肯的失败是很有名的,但是没有人认为他是一个失败者;爱因斯坦也曾数学不及格;亨利·福特在40岁时破产……

别在意你心目中的英雄有缺陷,你要学习的是他们值得尊敬的特质。把你自己的性格和那些在工作领域里卓然有成的人相比,分析他们在成功过程中养成的特质,你就可以对如何改善自己有明确的目标。

比较可以带来进步,所以,要在比较中学习。

你与所有成功的人一样,一生下来就被赋予了同等的机遇、同等的成功权利。因此,找出你要学习的优秀人格特质,全力以赴地去付诸行动,塑造一个全新的你,为自己的优势蓄势、蓄力是明智的选择。

人们常说:"尺有所短,寸有所长。"尽管每个人身上都有难以克服的缺点,但更重要的是每个人身上都有闪闪发光的亮点。一个人有了心胸宽广的品质后,自然会虚心学习别人的长处,借鉴他人的经验,这是成功人士能够立于不败之地的法宝。

如何才能把他人的专长学到手,以下几种方法很重要。

(1)自认无知。

学习他人的一个最重要的方法是自认无知。对于大多数人来讲,这样做很难,因为人人都有虚荣心,不愿意承认自己无知。

而恰恰就是这些虚荣心成了你前进道路中的最大障碍。如果你坚持认为自己多么有本事、如何有才能,你的话可以成为权威和经典,那么你只能遭到别人的唾弃;相反,如果你能承认自己的无知,反而容易引起别人的共鸣,从而得到别人的支持与帮助。

承认无知吧!你会获得意想不到的帮助,这帮助肯定有助于你创造成功的人生。

(2)学会倾听。

俗话说:"忠言逆耳利于行。"假若我们能够放下那颗虚荣心,认真听取别人的意见,肯定能够从别人的意见里发现自己的许多弊病,这些弊病是达成成功人生所必须克服的,所谓"以人为镜"正是这个道理。

你一定要记住:"知道怎样听别人说话,以及怎样让他开启心扉谈话,是你制胜他人的唯一法宝。"

人的能力毕竟是有限的,肯定有许多东西是我们个人所无法了解的。通过倾听别人的谈话,我们可以获取许多有用的信息,可以分享他们的知识和经验,而你所得到的是别人的好感与支持,没有人喜欢别人总是驳斥自己。

对于大多数人来讲,一生中大多数经历都是容易忘怀的,深深烙印在记忆中的往往是那些刻骨铭心的经验。所以,如果你能有幸倾听他那最可宝贵的东西,无疑会极大地丰富自己。

学会倾听,绝对不是一言不发,那样对方会感觉自己是在对牛弹琴,索然无味。因此,更恰当地说,你应该学会引导对方谈话,诱导他说出他想表露的一些真实的东西和看法。

由于虚荣心理,许多人害怕别人发现自己的不足,害怕遭到拒绝。因此想让对方开启心扉,你应该首先让他消除这些顾虑。一旦别人发现和你在一起很安全,而你又打心眼里赞赏他,他便会向你开启心扉。

每个人都需要有人一起分享他的感受,可又害怕一旦向人表白,会得不到回应,甚至会被人认为悲惨、残酷和自私。假若你相信自己也是自私的,对别人冒犯你的个别行为,站在同一立场上,即使不能接受,也应加以考虑。因为人的基本情感都是大同小异,无非爱、恨、恐惧等,甚至还会不时掠过一些自私的念头。接受这些并不可怕,因为这才是人的本来面目。

如果你能做到这一点,便能在无形之中赢得对方的心。因为对方会觉得自己的情感有人理解,从而会全身心地支持你,这对你的成功将起到不可估量的帮助。

当然,有一点值得你注意,当别人向你吐诉心声时,也期待着你能为他保守秘密。所以,你绝对不能以此为条件去要挟他,更不能随意地把他的经历告诉别人,一旦他发现你辜负了他对你的信赖,你就会永远失去他的支持。

(3)肯定他人的长处。

当我们真心实意地向他人学习时，首先应该对别人的长处加以肯定。每个人身上都有闪光的亮点，都期待别人来发现并欣赏他的闪光之处，所以他不可能对自己的长处加以隐藏，甚至还会加些炫耀的成分在里边，这些你都大可不必理会。给他一个展现的机会，这不仅符合对方的心理诉求，你自己也能得到他的许多智慧结晶。这些智慧对你的一生都将有极大的帮助，是你克敌制胜、勇往直前的法宝。

总之，虚心向他人学习有许多好处，其中最简单又最容易让人们理解的好处：一是别人懂得的知识你未必懂；二是你懂的知识别人未必不懂。

还是让我们再品味一下瑞士民间的那句古话吧："傻瓜从聪明人那儿什么也学不到，聪明人却能从傻瓜那儿学到很多。"

6.把"不可能"变成"可能"

人生许多事情都是你能够做到的，只是你不知道自己能够做到；如果你相信自己能够做到，并为之付出努力，你就一定能做到。

汤姆·邓普西生下来的时候只有半只左脚和一只畸形的右手，但在父母的教导下，他从不因为自己的残疾而感到不安。结果，他能做到任何健全男孩所能做的事：如果童子军团行军10里，汤姆也同样可以走完10里。

后来，他学踢橄榄球。他发现，自己能把球踢得比在一起玩的男孩子都远。他请人为他专门设计了一只鞋子，参加了踢球测验，并且得到了冲锋队的一份合约。

但是教练却尽量婉转地告诉他，说他"不具备做职业橄榄球员的条件"，促请他去试试其他的工作。最后，他申请加入新奥尔良圣徒球队，并且请求教练给他一次机会。

第二章
不断优化自己，改变劣势就是优势

教练虽然心存怀疑，但是看到这个男子这么自信，对他有了好感，因此收下了他。

两个星期之后，教练对他的好感加深了，因为他在一次友谊赛中踢出了55码并且为本队挣了分。这使他获得了专为圣徒队踢球的工作，而且在那一季中，他为球队挣得了99分。

他一生中最伟大的时刻到来了。那天，球场上坐了66000名球迷。球在28码线上，比赛只剩下几秒钟。

这时，球队把球推进到45码线上。

"邓普西，进场踢球。"教练大声说。

当邓普西进场时，他知道他的队距离得分线有55码远，那是由巴第摩尔雄马队毕特·瑞奇踢出来的。球传接得很好，邓普西一脚全力踢在球上，球笔直地前进。但是踢得够远吗？66000名球迷屏住气观看，球在球门横杆之上几英寸的地方越过，接着终端得分线上的裁判举起了双手，表示得了3分，圣徒队以19比17获胜。球迷狂呼乱叫，为踢得最远的一球而兴奋，因为这是只有半只左脚和一只畸形的手的球员踢出来的！

"真令人难以相信！"有人感叹到，但是邓普西只是微笑。他想起了他的父母，他们一直告诉他的是他能做什么，而不是他不能做什么。他之所以创造出了这么了不起的纪录，正如他自己说的："他们从来没有告诉我，我有什么不能做的。"

永远不要消极地认定什么事情是自己不可能做到的。首先，你要认为自己能让"不可能"三个字从你的人生字典里消失，然后去尝试，再尝试，最后你会发现"不可能"的事完全可以变成"可能"。

拿破仑·希尔在年轻的时候就有一颗要当一名作家的雄心。他知道，要达到这个目的，自己必须精于遣词造句。但是由于他小的时候家里很穷，接受的教育并不完整，因此"善意的朋友"就告诉他，他的雄心是"不可能"实现的。

年轻的希尔没有听从这些"忠告"，他存钱买了一本最好的、最完全的、最漂亮的字典,他所需要的字都在这本字典里面,而他的想法是要完全了解和掌握这些字。他首先做了一件奇特的事,他找到"不可能"这个词,用小剪刀把它剪了下来,然后丢掉。于是,他有了一本没有"不可能"的字典。以后,他把自己的整个事业建立在这个前提上,无论何时何地做任何一件事,他从不轻易地认为"不可能"做成。

你并不需要在字典中把"不可能"这三个字剪掉,但你要从你的心中把这个观念铲除掉。你要做的就是抛弃"不可能"的想法,不再为它寻找借口,用光明灿烂的"可能"来代替它。

TIPS:人格缺陷测试

请将每一题得到的分数加起来,再对照最后的结果。(选A得1分,选B得3分,选C得5分)

(1)你平常的作息是否十分不正常?

A.很正常,因为工作或上课的关系

B.不是很正常,早上需要闹钟叫醒

C.非常不正常,睡觉时间常常颠倒

(2)在朋友面前,你是否常过度吹嘘自己的能力?

A.不多,让别人慢慢来了解自己

B.在有好感的人面前可能会这样

C.常常会这样,也不知道怎么才改得了

(3)你是否平时有暴饮暴食的习惯?

A.很少,三餐还算规律

B.不会,不过三餐时间有时不固定

C.会,看到饭馆就想大吃一顿

(4)你喜欢被人约束的感觉吗?

A.还好,只要合理都可以接受

B.不喜欢,可能会想反抗

C.不喜欢,可能直接撕破脸走人

(5)跟朋友相处,你常有怎样的困扰?

A.朋友很少,大家对我好像也不怎么友善

B.很难有知心朋友可以倾吐心事

C.感觉在团体中都是自己配合别人

(6)看到朋友在一旁议论纷纷,你会有怎样的反应?

A.不关我的事,不管它

B.很好奇,会凑过去了解状况

C.会想是不是在讲我的坏话

(7)最受不了什么类型的朋友?

A.自私自利、一毛不拔的朋友

B.死不认错,又爱推卸责任的朋友

C.情绪相当不稳定的朋友

(8)遇到有好感的人,你通常会有怎样的反应?

A.跟踪他(她),调查他(她)的一切

B.制造巧合偶遇,增加见面的机会

C.会在心里幻想他(她)是自己的异性朋友

(9)假如你已经有了另一半,是否允许自己有出轨的可能?

A.可能,保留自己谈恋爱交朋友的权利

B.会去认识他,做做朋友应该没关系

C.只可能心动,绝不可能有任何发展

(10)想到什么会令你最控制不住自己的情绪?

A.工作或课业上的压力

B.人际关系产生的压力

C.感情问题产生的压力

答案:

20分以内：你有"反现状人格"

你很容易对现状产生不满，生活中难免的小摩擦或是不如意都会让你抱怨不休，好像全世界都对不起你一样。感觉"处处碰壁"的你很容易情绪不稳定，你也很难克制自己一时的冲动，更难有长期从事同一种工作的热情。你对另一半的态度也是消极的，很难去彻底相信一个人，安全感相当差，而且在与伴侣相处的过程中没自信，对方稍有冷淡，就会怀疑对方是否已不爱自己。和你这样悲观敏感的人相处时，不得不小心谨慎。

21~30分：你有"边缘性人格"

你的好恶相当明显，对喜欢的人或事物会紧抓着死缠不放，对不喜欢的人或事物，则是极端厌恶，甚至展开毁灭性报复。尤其是对自己得不到的东西，更可能由爱生恨，想尽办法去毁了它。所以，你也是情杀事件的高危险人群。以自己为中心是你的最大问题，假如你喜欢一个人，当对方表白不喜欢你时，你立即会有怨恨，对这个人喜欢的心理也会马上变成"你以为你是谁呀"、"你有什么了不起"等对抗心理。你这样的人是非常不宽容的，你的伴侣很难受得了你，必须小心相处。

31~40分：你有"戏剧性人格"

你喜欢享受掌声，害怕寂寞，也非常在意他人对你的意见与想法。你喜欢尽所能地去表现自己，也喜欢站在领导地位，对他人有支配欲，容易对人颐指气使。有时过于依赖自己的想法去左右周遭，常得罪朋友而不自知。你相当自我，说一不二，假如找异性朋友，必须找和你的性格反差大一些的，对方一定要有值得你佩服的地方，否则你即使很在乎对方，依然会看不起他。

超过40分：你有"自恋性人格"

你以自我为中心，旁人甚至包括情人都只能是红花绿叶，只是你的陪衬点缀。在自我优越感的意识作祟下，讲话自然高姿态，对任何东西都喜欢指指点点，也无法忍受旁人挑战你的权威。你非常自私，这一点在恋爱或婚姻中体现得最明显，"你要一心一意守着我"是你的态度。最容易离婚的人就是你这类人，不论男女，都让人害怕。

第三章

解开你的优势密码，充分发挥你的优势

"人人是庸才，人人又是天才。"因为人人都有自己无穷的潜能和独一无二的优势，都有自己的最佳发展区。

不要相信所谓"最好的方法"，永远都不存在"最好的方法"，永远不要相信那些标准化的成才模式。

因为每个人的潜能和优势是不一样的，没有两个人是靠着同一条道路成功的，所以你没有必要去走别人走过的路。你的成功之道，就在于充分发挥你自己的优势！

1.敢于尝试是确认自己优势的前提

事情要先做起来,才能判定自己行或不行。因为太多的事情对社会来说前所未有,对参与者来说从未做过,太快的发展和太多的选择逼着人们要先动起来,做与学同步,在学做的过程中,透视自己的优势,发挥自己的长处。"尝试"作为一种行为方式,一时间几乎成了时代的行为特征,已经很少有人从未体会过"尝试"了,这种方式有助于人顺行动之自然理解自己,在尽力做事的过程中发现自己潜在的独特能力。

巴西是一个多世纪以来一直为男人称霸的世界,随着文明的教化,有些不信邪的女性尝试着做了"出头鸟",而她们自己的行动告诉她们,"女人能行"。事实上,在巴西出名的职业女性个个是男人世界中的精兵强将。

巴西的新闻界有一位才华出众、家喻户晓的女记者,名叫玛丽利·加布里埃拉。加比(加布里埃拉)在27年的新闻报道中成绩卓著,1990年被评为全国杰出女性,荣获政府奖。

加比1948年出生在巴西圣保罗州一个欧洲移民的家庭,她的理想曾是做一名牙科医生。但她刚刚进入医学院就意识到自己走错了路,于是,她改攻心理学。可是经过一段时间心理学的训练,她仍未能定下自己的抱负,结果,她选择了弃学,只身来到首都巴西利亚寻求新的出路。加之她又是一个不惜行动、敢于也乐于尝试的人,在这里她又试着学习绘画,还参加了电影创作。19岁那年,她拿到了巴西《国家报》新闻专业的进修结业证。于是,她满怀热情地找到巴西《环球》新闻网的董事长马里奥,希望能在电视或报界从业,但马里奥对她不屑一顾。吃了闭门羹的加比没有灰心,在一次狂欢节的庆典中,她再次向这位巴西新闻界的巨头提出申请。马里奥终于为这个姑娘的执着所感动,同意她到电视台当一名实习记者。

第三章
解开你的优势密码,充分发挥你的优势

加比的第一次采访是报道一位巴西普通职业女性的生活,由此开始了她的电视节目主持人的生涯。加比的相貌并不出众,但她思维敏捷、知识渊博、性格开朗、谈吐不俗、平易近人,这一切都成为她成功的关键。她主持的《面对面》人物专访是巴西电视台收视率最高的节目之一。除了电视,加比还做过新闻联播的播音员,主持过《今日妇女》、《圣保罗之晨》、《奇妙世界》等专题节目。她的嗓音不算优美,但她主持的节目听众最多。她采访的对象遍及各个领域,总统、部长、社会名流、国外政界要人都上过她的节目,当然,更多的还是新闻大众。

加比说:"我虽然很忙、很累,但我热爱这工作,我要把更多、更好、更丰富的电视节目献给我的热心观众。"

加比在选择上不惜尝试,找到了最适合自己的位置,使自己在合适的位置上充分展示了才华。人们在确立目标后,在每一进程中都要勇敢地进行尝试。因为目标并不意味着全部,许多事在做之前是心中没底的,自信是在做的过程中一步步搭起来的。

有一位南非女孩,16岁就开始徒步旅行,用两年多时间,途经14个国家,步行16181公里,纵跨非洲大陆,闯入了吉尼斯世界奇迹榜。她就是菲奥娜·坎贝尔。在菲奥娜的整个旅途中,最艰苦的日子是在扎伊尔境内。1991年9月,那里政局混乱,她被法国外籍军团空运出境。当她又回来时,她的野外生存训练教练米尔斯陪她日行50公里。但以后的几个月如噩梦一般,她走到哪里都会遭到满怀敌意者的攻击,他们向她扔石头,肆意侮辱她、打她。

她在答记者问时说:"当地人既仇视又害怕我们,以为我们是人贩子、专吃妇幼的野人。当大大小小的石头落在身上,你唯一的办法是保持原来的速度继续前进,一切都是注定了的,不要抱怨,不要消沉。"不幸的是,她和米尔斯又得了痢疾,之后他们在热带雨林里整整困了7个月,从早到晚,头发就没干过,衣服也在发霉,身上处处是疮,难以愈合。她指着身上圆锥

形脓包对记者说:"你光看外表干了,以为已经好了,其实不然,里面还是烂的。"

尽管如此,菲奥娜从未想过放弃。菲奥娜说:"当你不知道何去何从的时候,你会感到世界是如此空旷、广漠而令人迷茫。这是一次折磨人的探险。你一般只要吃几个月的苦就足够了,这一次却整整持续了两年时间,所以我必须好好地安排生活。"在这样周游世界的真实跋涉中,菲奥娜的许多想法都发生了根本的转变。她曾因为不得不随着身为皇家海军军官的父亲搬了22次家、转了15次学而怨恨父亲。但在她走完了从悉尼到珀斯的5000公里路程时,也走出了对父亲的怨恨。

现在的菲奥娜身上透着一股超出自己年龄的成熟与自信,她的周游计划没变,但周游的初衷却变了。她认真地说:"我现在明显地变了一个人,虽然我说不出到底哪儿变了,但我肯定是有不少变化。我现在已经看到我需要的一些东西,以前我从未意识到我需要它们——比如家庭。"

一路上,她对自己原有的文化背景也禁不住作了深刻的反思:"在非洲的那些日子是我一生中最幸福的时光。从那些非洲人中间,我看到了一种恬淡与和谐、愉悦与温馨,我真想成为他们中的一员。他们拥有真正的快乐与友谊,他们对人的洞察力远比我们西方人强。我们不善于倾听别人讲话,而他们注意你的一举一动,包括你的身体语言。在他们面前,你无法掩饰。"

菲奥娜的行动可能也是许多年轻人的梦想,但她勇敢地将梦一个个赋予了行动。而且,她在行动中表达并升华了自己对一个个崭新环境的敏锐的感悟和理解能力。这种超凡脱俗的经历和心路积淀成了她一生的精神宝藏,那些极特殊的环境挫折从不同角度开发了她的潜能,激活了她潜在的耐受力、爆发力、应变力、支配性和独创性。当她阅历了各种文化环境后,她才知道了自己是谁、自己能做什么,才真正懂得了生命的真谛。

2.寻找自己的天赋,兴趣能促发潜能的极大发挥

"天生我材必有用"绝不只是一句话,只要你能找到自己的天赋并将它发扬光大,事业上获得成功、实现自身价值、拥有更好的生活都不是可望而不可及的事。

狮子再唯我独尊,也不会去同大象比谁的鼻子长;豹子再不可一世,也不会去同鲸鱼比谁的水性好。再强悍的人,也不会处处去同别人的强项进行比较。因为对于我们每个人来说,对自己真正有益处的事情并不是不断去发掘自己的缺点、缺陷和不如人之处,继而打击自己,而是要时刻发掘自己的天赋,建立自信和骄傲。

1978年4月1日,胡厚培迎来了他的第一个孩子——胡一舟。就像愚人节的一个玩笑一样,他很快发现自己的孩子智力有问题,并通过医院得到了证实。医生告诉他:舟舟的基因发生了变异,第21对染色体多了一条,这种情况在医学上被认为是先天愚型患者,属于智力残疾,并且是医治不了的。20年的时光弹指而过,胡一舟的智商一直在30左右,而正常人的智商则在70以上。20余岁的他,只会从1数到5。他厚厚的作业本里只有一道三加二等于五的数学题。因为语言障碍,没有逻辑思维能力,他无法上学,几乎不识字。尽管父亲不断用自己的爱心和耐心来培养儿子的智力,不厌其烦地教儿子数数,认简单的字,但是,无论胡厚培动多少脑筋,制作多少卡片,舟舟就是学不会。

但是先天的愚钝并没有遏制舟舟对音乐的感悟,在乐团工作的父亲经常把他带在身边,并参加乐队的排练。或许是从小就受到熏陶的缘故,长期的耳濡目染使舟舟爱上了音乐,当乐队演奏的时候,他经常会不由自主地舞动双臂,好像他在指挥着乐队演奏。一次偶然的机会,舟舟竟拿着指挥棒成功地指挥了一次演奏,这让大家感到无比惊讶和意外。这个连最简单的数字都不会

数，甚至连自己的名字都不会写的孩子，竟然能表现出交响乐中的节奏、强弱、声部的转换，并把老指挥的动作模仿得惟妙惟肖。

自此，6岁的舟舟便踏上了他的"指挥之路"。十多年的音乐熏陶，使舟舟能熟记十多部中外名曲的旋律，并能惟妙惟肖地模仿乐团指挥家的指挥动作。几年以后，舟舟成了世界上第一个弱智指挥，声名传遍了世界。

以舟舟的智力而言，他即使再学20年数学，也只能多会几道简单的数学题，但这对于他的人生来说又有什么帮助呢？他尽力弥补的是一个永远也弥补不了的欠缺。

舟舟是个幸运的孩子，及早地放弃了在其他方面与别人争得平等的努力，发现了别人不具备的音乐天赋。作为一个智力有欠缺的人，他在指挥的时候是快乐的，而看他指挥的观众也是快乐的。在这种对音乐的追求中，他得到了人生的快乐，获得了精神的满足，这足以让他的人生更具非凡的意义。他教会了我们如何去认真对待每一个生命。

如果我们让乔丹去踢足球，那么我们将失去一位伟大的篮球巨星；如果我们教马拉多纳去打篮球，结果也一样。天才只属于某一专长的领域，他不可能、也没有必要精通一切。一个人有某方面的缺憾绝不代表他整个人生的失败，舟舟正是这样一个生动的例子。在生活中，他是个需要人照顾的孩子；可一旦站在台上，他却能指挥全场、挥洒自如。请相信，每个生命都有他存在的理由，也有其精彩的一面。

无疑，很多时候，追求完美、渴望成为大众而非异类的心态会令很多人一旦有了某种缺憾，便会一心想着去修补、弥补。但是反过来想想，缺憾本身不也是一种美吗？即便不是美，抛开缺陷，你身上总还有美的地方，我们为什么不能学会欣赏自己的美，而要苦苦去关注自己的不足呢？其实，只要满怀信心地面对自己、欣赏自己，寻找自己的天赋，运用天赋的力量，向着渴望的目标步步推进，成功早晚会属于你。

你要确定自己的终生奋斗目标，首先要问问你自己的兴趣所在。所谓兴趣，是指一个人力求认识某种事物或爱好某种活动的心理倾向，这种心理倾向是和一定的情感联系着的。

爱因斯坦4岁时,父亲送给他一个指南针。指南针无论怎么摆放,指针总是朝着那个方向。"这里面一定有什么神秘的力量在起作用!"这激发了爱因斯坦对科学的兴趣。爱因斯坦在自传中追溯自己的科学历程时,专门谈了这件事给他心灵带来的震动。他认为,思维世界的发展在某种意义上是对惊奇的不断摆脱。

古希腊著名哲学家柏拉图说:"若把'强制'与'严格'训练少年们孜孜求学的方式,改为引导兴趣为主,他们势必劲力喷涌,欲罢不能。"

邹韬奋也说过:"一个人在学校里表面上的成绩,以及较高的名次,都是靠不住的,唯一的要点是他对所学的是否真正喜欢,是否真有浓厚的兴趣。"

经研究发现,几乎90%的人脑细胞具有情感效能。因此,只有在愉快的心情下,学习效果才会最佳,才能把大脑里所藏的学习潜力最大限度地发挥出来。

心理学家皮亚杰明确地指出:"所有智力方面的工作都依赖于乐趣。"

有了兴趣,人们就会自觉地从事或追求爱好的事情。兴趣、爱好是一种动力,它使人勤奋,使人坚持不懈地干下去。

然而,很多人会说,他知道从事自己感兴趣的事情是多么的愉快,但就是对自己所做的事情不感兴趣。在这种情况下,他有两种选择:一是彻底地放弃自己正在做的事情,寻找自己真正感兴趣的事,不管有多困难,都要坚持干下去;二是在现有的工作中培养自己的兴趣,在勉强自己一段时间之后,也许会在自己完全不感兴趣的工作中找到乐趣。

刘伟在学校里成绩优秀,但因为家庭生活困难,他被迫中途辍学。对一个高中毕业生来说,要找一个好工作实在是太难了。他虽干了不少工作,但没有一个是他满意的,所以他对这些工作都抱着打临时工的心理,在什么地方都干不长。

高中毕业5年后,刘伟仍然没有自己的事业。而且,年龄越大,对打杂工一类的低下工作越不感兴趣。即使有人要他去做学徒学个手艺,他也不好意思去。在这时,他父亲最后一次帮他找了一个在运输公司开车的工作。他对这份工作产生了兴趣,比以前的任何工作都认真。同时,他也得到了老板的赏识,老板教了他很多运输业方面的知识。后来,老板因体力原因,提前退休,把生意交给了刘伟管理。

这真是意外的幸运。刘伟由开车司机变成了运输行业的经理,他对这一行也产生了更大的兴趣,而且也有了很大的抱负,立志要把这个小公司发扬光大。刘伟这时候才明白,工作兴趣的确是可以培养的。而且他也体会到,以前是因为自己的理想太高,老是觉得有更好的工作机会在前面等着他。可这次,他在现实生活和父亲的逼迫下,不得不勉强自己对工作产生兴趣,而这一心理上的转变,正是他成功的主要原因。

每个人都有许多兴趣,但我们要对兴趣进行选择。因为兴趣是一柄"双刃剑",很多兴趣不但对成功无益,反而会严重影响我们的生活。所以,兴趣并不能完全由着自己的性子来,需要意志、志向的控制和引导。

列宁曾经对溜冰有很大的兴趣,但这一兴趣严重地影响到了他的学习。溜冰本身就耽误时间,溜冰后又十分容易疲劳,什么事情都做不了。为此,列宁费了很大的工夫才克服了这个兴趣的困扰。

在人生的道路上,我们会碰到各种各样让我们感兴趣的人和事,我们要有敏锐的判断力和坚定的意志,选择那些值得我们去追求的兴趣。在这种积极向上的兴趣的鼓舞下,我们自身各方面的潜能和优势将能得到极大发挥,从而促使我们奔向人生成功的目标。

3.唤醒你的无限潜能,让优势得到最大程度的开发

每个人的身上都蕴藏着一份特殊的才能,那才能犹如一位熟睡的巨人,等着我们将它唤醒,这个巨人就是潜能。只要我们相信自己,相信自己

的潜能,我们就能获得成功。

如果有人对你说,你可以轻松地学会30种语言,背诵整本百科全书,拿20个博士学位,你会相信吗?

你完全可以相信自己有这个能力。

潜能是人类最大而又开发得最少的宝藏!许多专家的研究成果告诉我们:每个人身上都有巨大的潜能没有被开发出来。科学家还发现,人类储存在脑内的能力大的惊人,平常只发挥了极小部分的功能。要是人类能够发挥一大半的大脑功能,那么,上面所列的目标你就可以轻松达到!

美国人梅尔龙19岁那年,在越南战场上被流弹打伤了下半身,经过治疗,虽然逐渐康复,却再也无法站起来了。

他整天坐在轮椅上,靠轮椅代步已12年。他觉得此生已经完结,时常借酒消愁。有一天,梅尔龙从酒馆出来,照常坐轮椅回家,却碰上了3个劫匪动手抢他的钱包。他拼命呐喊,拼命抵抗,却触怒了劫匪,惹得他们放火烧他的轮椅。轮椅突然着火,梅尔龙忘记了自己是残疾,他拼命逃跑,竟然一口气跑完了几百米。事后,梅尔龙说:"如果当时我不逃走,就必然会被烧伤,甚至被烧死。我忘了一切,一跃而起,拼命逃跑,及至停下脚步,才发觉自己竟然能够走动了。"

有两位年近古稀的老太太,一位认为到了这个年纪可算是人生的尽头了,于是开始料理后事;另一位却认为一个人能做什么事不在于年龄的大小,而在于自己的想法,于是,她在70岁高龄之际开始学习登山。随后的25年里,她一直冒险攀登高山,甚至以95岁高龄登上了日本的富士山,打破了攀登此山的最高年龄纪录!

一位母亲买菜回来,忽然看到自己才一岁多的孩子从窗户坠落,母亲大惊,扔掉菜篮子飞奔50米,竟然稳稳地接住了孩子。事后,有几位好事的男人惊诧于这位母亲的速度,特意奔跑试验,结果发现,怎么也赶不上那位母亲的速度。

那位母亲能跑出如此的速度,是因为对孩子的爱激发了她内心巨大的潜能。

伍登是美国有史以来最成功的篮球教练之一。他在加州大学洛杉矶分校担任篮球教练时，12年内带领该校篮球队总共获得了10次冠军。当人们问他如何创造这辉煌的战绩时，伍登用斩钉截铁的口吻回答说："让每一天成为你的最佳杰作，这就是最有效的成功方法。"伍登运用自我暗示的方法，每天不断地激发自己的潜能，这也正是许多心理专家一再强调的"潜意识"。"每一天"都是伍登的最佳杰作，因为在每一天的开始，潜意识便会释放出"我今天一定会表现得非常好"的能量，让伍登能够乐观而自信地经营每一个"今天"。

上帝是公平的，它会给我们每个人无穷无尽的机会去充分发挥自己的优势，只要我们能将这种优势发挥出来。那么，我们的优势为什么得不到最大限度的开发呢？因为我们心里常常对困难有本能的恐惧，惧怕又让我们本能地逃避，不敢去尝试，因此并不知道我们的潜能到底有多大。

一个寒冷的冬日，寒风呼啸，坐在教室里的学生都在喊冷，读书的心思似乎也被冻住了，只听见一屋子的踩脚声。

上课铃声一响，老师推门而入，嗖嗖冷风也跟着席卷而入。

往日温和的教师一反常态，满脸的严肃庄重甚至冷酷，一如室外的天气。

乱哄哄的教室顿时静了下来，学生们惊异地望着教师。

"请同学们放好书本，我们到操场上去。"

大家都呆住了。

"我们要在操场上立正5分钟。"

即使老师下了"不上这堂课，就永远别上我的课"的最后通牒，但还是有几个娇滴滴的女生和几个强壮的男生没有出教室。

操场在学校的东北角，北边是空旷的菜园，再北边是一口大水塘。操场、菜园和水塘被雪连成了一个整体。

篮球架被雪团打得"啪啪"作响，卷地而起的雪粒雪团呛得人睁不开眼、张不开口,脸上像有无数把细窄的刀在拉在划,厚实的衣服像铁块冰块,脚像是踩在带冰碴的水里。

学生们挤在教室的屋檐下,谁也不肯去操场。

老师看到这种情景,一声不吭,默默地脱下羽绒衣和毛衣。"到操场上去,站好。"老师脸色苍白,一字一顿地对学生们说。

学生们被老师镇住了,都老老实实地到操场排好3列纵队。

消瘦的老师只穿着一件白衬衫,被衬衫紧裹着的他更显单薄。

学生们规规矩矩地立着。5分钟过去了,老师平静地说:"解散。"

回到教室后,老师说:"在教室里,我们都以为自己敌不过那场风雪,事实上,你们顶住了。如果让你们只穿一件衬衫,你们肯定也顶得住。面对困难,许多人戴了放大镜,但和困难拼搏一番,你会觉得,困难也不过如此,你的潜力要比困难强得多。"

学生们很庆幸自己没有缩在教室里,在风雪交加的时候,在那个空旷的操场上,他们学到了人生最宝贵的一课。

每个人的身上都蕴藏着潜能,只要能将它发挥得当,我们也能成为牛顿,成为爱因斯坦。无论别人怎么评价我们,无论所面临的困难有多艰巨,只要我们相信自己,相信自己的潜能,我们就能战胜自己,实现自己的完美人生。

唤醒你的无限潜能,让它像原子反应堆里的原子反应那样爆发出来,你就一定会有所作为,创造人生的奇迹。

4.发现被埋藏的自我,发掘被埋藏的活力

人才被埋没大体有两种情况:一种是社会埋没,另一种是自我埋没。社会埋没人才,比较引人注目,有人痛惜,有人不平,有人呐喊,有人改进;而

拒绝怀才不遇
refuse underappreciated

人才的自我埋没——这种埋没也许比社会埋没更经常、更普遍、更严重——却极少有人发现，因为这种埋没是无声无息的，是被埋没者本身都不易觉察的！

　　哈里·莱伯曼先生是位著名的制药专家，80岁才离开顾问的岗位真正退休。他退休后常到俱乐部去下棋，以此来消磨时间。

　　有一天，女办事员告诉他，往常那位棋友因身体不适，不能前来作陪。看到老人失望的神情，这位热情的办事员就建议他到画室去转一圈，还可以试着画几下。

　　"您说什么，让我作画？"老人哈哈大笑，"我从来都没有摸过画笔。"

　　"那不要紧，试试看嘛！说不定您会觉得很有意思呢！"

　　在女办事员的一再坚持下，哈里·莱伯曼到了画室。过了一会儿，她又跑来看看老人"玩"得是否开心。

　　"太棒了，老先生！您刚才一定是在骗我！您简直就是一位专业画家啊。"她笑着对老人说。

　　不过，老人刚才说的全是实话，这确实是他第一次摆弄画笔和颜料，以前从未发现自己有绘画的才能。

　　提起当年这件往事，老人颇有感慨地说："我开始很不适应退休后的生活，那是我一生中最忧郁、最难熬的时光。那位女办事员给了我很大的鼓舞，从那以后，我每天都去画室，从作画中我又找到了生活的乐趣。从事一项力所能及的有意义的活动，会使人感到又投入了朝气蓬勃的新生活。"

　　后来，绘画对于这位八旬老人来说，已经不仅仅是一项单纯的消遣活动了，他对作画产生了浓厚的兴趣。82岁那年，老人还去听了绘画课，一所学校专为成年人开办的十周补习课程。这是老人有生以来第一次系统地学习绘画知识。第三周课程结束的时候，老人直率地抱怨任课教师画家拉里·理弗斯："您给每一位学员都讲得耐心细致，对我却从来不给予帮助和指导，甚至连一句话也不说。这是为什么？"显然，老人有些不高兴了。

　　"先生，因为您所做的一切，我自己实在是赶不上。我怎么敢妄加指点呢？"拉里·理弗斯说得情真意切，还自愿出钱买下了老人的一幅作品。

人的潜能有时是极其惊人的。就这样，不到4年的光景，哈里·莱伯曼的许多作品先后被一些著名收藏家购买，甚至还进入了博物馆。

1977年11月，洛杉矶一家颇有名望的艺术品陈列馆举办了第23届画展：哈里·莱伯曼101岁画展。

这位百岁老人笔直地站在入口处，迎候参加开幕仪式的400多名来宾，其中有不少画家、收藏家、评论家和新闻记者。老人身材瘦长，脸上皱纹已深，下巴留着一撮胡须，头发花白，但却精神焕发、衣着整洁，看上去最多不过80多岁。其作品中表现出来的活力，赢得了许多参观者的赞叹。美国艺术史学家斯蒂芬·朗斯特里特热情洋溢地赞美道："许多评论家、艺术品收藏家透过这种热情奔放、明快简洁的艺术，看到了一个大艺术家的不凡手法。"

人才自我埋没的现象是普遍的、严重的。遗憾的是，自然科学只是记录了那些成功的科学家，那些自我埋没了的人是无法问津于科学史的。所以，那些大量的自我埋没了的人我们无从知道。

俄国戏剧家斯坦尼斯拉夫斯基在排练一场戏剧的时候，女主角突然因故不能演出。他实在找不到人，只好叫他的大姐来担任这个角色。他的大姐以前只是干些服装准备这类的事，现在突然演主角，由于自卑、羞怯，排练时演得很差，这引起了斯坦尼斯拉夫斯基的不满和鄙视。一次，他突然停止排练，说："如果女主角演得还是这样差劲，就不再往下排了！"这时，全场寂然，屈辱的大姐久久没有说话。突然，她抬起头来，一扫过去的自卑、羞怯、拘谨，演得非常自信、真实。斯坦尼斯拉夫斯基用"一个偶然发现的天才"为题记叙了这件事，他说："从今以后，我们有了一个新的大艺术家。"试想，如果不是原来的女主角因故不能演出，如果斯坦尼斯拉夫斯基不叫他大姐试一试，如果不是他大发雷霆，使他大姐受到刺激而改变羞怯的态度，没有这一切偶然的因素，他大姐的戏剧表演才能就一定会被埋没——不是被社会埋没，而是被自我埋没！

导致人才自我埋没的原因是很复杂的。主要有以下几点：

(1)缺乏远大的理想和抱负。

一个人如果没有理想、事业心，那他就会庸庸碌碌地度过一生。有不少青年人很聪明，很有才干，也很有自信，却无所作为，原因是不想干。一个不想获胜的人永远不会在比赛中得到冠军。不管你有多大的才干，没有远大的理想和抱负，势必会自我埋没。

(2)错误地选择了努力的目标。

天赋在人才成功中起着一定的作用。胡荣华15岁获得全国象棋冠军，光用刻苦和方法正确很难解释这一点。大多数的人在某些特定的方面都有着特殊的天赋和良好的素质。即使是那些看起来很笨的人，也许在某些方面也有着杰出的才能。陈景润当数学老师很吃力，却可以进攻世界难题；柯南道尔作为医生并不著名，可他写的小说却名扬天下……每个人都有自己的特长，都有自己特定的天赋与素质，如果你选对了符合自己特长的努力目标，就能够成功，反之，则会自己埋没自己。

(3)严重的自卑感。

明显的或者潜在的自卑感都会造成对自己能力的怀疑，从而导致自我埋没。

(4)缺乏正确的方法、浓厚的兴趣。

人才成功是有"捷径"的，学习知识也是有捷径的，这"捷径"就是正确的方法。如果你不知道记忆的规律和方法，你将事倍功半；而如果你了解记忆的奥秘，你就能事半功倍。

要防止自我埋没，就要做到以下几点：

(1)善于自己设计自己。

根据自己的环境、条件、才能、素质、兴趣等确定进攻方向。不要埋怨环境与条件，应努力寻找有利条件；不能坐等机会，要自己创造条件。拿出成果来，获得社会的承认，事情就会好办一些。

(2)消除自卑感。

严重的自卑感会扼杀一个人的聪明才智,另外,它还可能形成恶性循环:由于自卑感严重,不敢干或者干起来缩手缩脚、没有魄力,这样就显得无所作为或作为不大;旁人会因此说你无能,旁人的议论又会加重你的自卑感。因此,必须一开始就打断它,丢掉自卑感,大胆干起来。

(3)防止自我埋没,还应注意方法。

多读一些科研方法论的书,多读一些科学家的传记;要善于请教别人,查阅资料,利用你所能利用的一切,这样就可以最大限度地发挥你的聪明才智,取得成功。

5.做有挑战的事,通过挑战自我发现优势

不是每个人的优势都像姚明的身高那样显而易见,大多数人的优点都是潜藏起来的,要靠自己去挖掘。因此,我们要不断地尝试,做一些有挑战性的事情,这样才有机会激发身体内不为自己所知的能量。

格力空调的当家人董明珠起初并非经商,她本是南京一家化工研究所做行政管理工作的员工,结婚生子后,过着安稳平凡的生活。然而,1984年,她丈夫的意外去世让这个家庭瞬间倾覆,膝下尚有两岁的儿子需要抚养,上有老人需要孝敬,要强的她坚强面对,决定辞去公职去外面闯一闯。一次偶然的机会来到珠海,她被这个美丽的城市吸引住了。于是,她应聘到当时名为海利空调器厂的格力电器,成了一名基层业务员。

做行政出身的董明珠通过自己的勤奋,以及果敢、诚恳的优秀品质,很快在企业中崭露头角。她一个人创造的销售业绩相当于企业总销售业绩的1/8,别人拿不下的城市,她一去就能拿下很多订单,可见,她在这个领域里有着非同寻常的优势。如果她没有出来闯荡,也许她一辈子都不会知道自

己在销售方面能够有如此大的优势,创造出这么多的辉煌。

可见,优势需要我们自己去挖掘,特别是在去不断遇到挑战自我、挑战高难度的事情的时候,更容易激发我们的潜能,我们也能更快地发现自身的优势。

有位哲学家说过,优势就像树上的果子,你只要够一下,就能摘到。这个"够一下",我想就是做一些有挑战的事情吧,那样才能发掘自己的优势。

6.操纵好情绪的"转换器"

自古以来,对于人的评断标准,只看一个人的涵养、行事的风格,就知道是否可以成为可塑人才,是否有大将之风。因此,你要成为一个成功者,除了常识与能力之外,还要懂得如何操纵自己的情绪,不因一时的冲动和怒气而误了大事。

在荷兰阿姆斯特丹有一座15世纪的寺院,寺院的废墟里有个石碑,石碑上刻着"既已成为事实,只能如此"。

1914年12月,大发明家托马斯·爱迪生的实验室发生了一场大火,损失超过200万美金,他一生的心血成果在大火中化为灰烬。

大火烧得最凶的时候,爱迪生的儿子查里斯在浓烟中发疯似地寻找他的父亲。他最终找到了:爱迪生平静地看着火势,他的脸在火光摇曳中闪亮,他的白发在寒风中飘动着。

"查里斯,你快去把你母亲找来,她这辈子恐怕再也见不到这样的场面了。"第二天早上,爱迪生看着一片废墟说道:"灾难自有它的价值,瞧,我们以前所有的谬误过失都给大火攻了个一干二净,感谢上帝,这下我们可以从头再来了。"

火灾过去不久,爱迪生第一部留声机就问世了。

天有不测风云,人有旦夕祸福。人活在世上,谁都难免要遇上几次灾难或许多不愉快的事,有些事是可以抗拒的,有些事是无法抗拒的。面对这些困境,我们只能接受它、适应它,否则,忧闷、悲伤、焦虑、失眠便会接踵而来,最后的结局是,你不能改变事实,而是让事实改变了你。

被称为世界剧坛女王的拉莎·贝纳尔,一次在横渡大西洋途中,突遇风暴,不幸从甲板上滚落,足部受了重伤。当她被推进手术室,面临锯腿的厄运时,她突然念起了自己所演过的一段台词。记者们以为她是为了缓和一下自己的紧张情绪,可她说:"不是的!我是为了给医生和护士们打气。你瞧,他们不是太正儿八经了吗?"

拉莎·贝纳尔手术圆满成功后,她虽然不能再演戏了,但她还能讲演。她的讲演,使她的戏迷再次为她而鼓掌。

拉莎·贝纳尔和爱迪生面对无法抗拒的灾难时,都保持着乐观和坦然的心态,踏出焦虑、悲伤的圈子,又跨上一个新的里程。当你遇到无法改变的灾难或无能为力的事情时,耸耸肩,默默地告诉自己:"忘掉它吧!"紧接着要往头脑里补充新东西。当你失意或无助时,最好的办法是用繁忙的工作去补充,也可以通过参加有兴趣的活动去转换。

当你的情绪处于进取的状态时,自信、乐观、兴奋、快乐能让你的能力源源不断地涌出;当你的情绪处于瘫痪状态时,沮丧、恐惧、焦虑、悲伤会使你浑身无力。人们的情绪像天气一样变化无常,一会儿沮丧,一会儿兴奋。运气好时,如登山顶;运气差时,如坠深谷。大部分人让情况控制情绪,而不是让情绪控制情况。如果情况好,他们的情绪就好;万一情况不利,他们的情绪也跟着不好。

当你情绪不佳时,你不妨立刻在脸上堆满笑容,这是改变情绪最快的方法。我们脸上总共有80多条肌肉，如果这些肌肉习惯了呈现出沮丧、胆怯、冷漠、失望和无奈的表情，它们便会不时地以这些负面的牵动方式控制我们的情绪。如果你真希望改变自己的人生，你不妨每天5次、每次一分钟地面对镜子摆出个大笑脸。这么做或许有些可笑，不过只要你做得勤快，这个动作便能和你的神经系统搭上线，进而形成一条神经渠道，使你养成习惯性的快乐，从而改变你的心情。科学研究表明，人并不是在心情愉快时才会微笑或大笑；相反，当我们微笑或大笑时，便会启动生化机能，使我们感到很愉快。

TIPS:测试:最大的敌人是你自己吗?

(1)当我需要帮助而且能够得到帮助的时候：

A.我很愿意其他人帮助我

B.我想自己应该负起责任

C.我几乎总是拒绝帮助

(2)当我取得成功的时候：

A.每次都是发自内心地高兴

B.有一点高兴

C.其实不是很高兴

(3)在聚会上：

A.我总是很健谈

B.我不比别人说话多

C.我总是属于沉默寡言的人

(4)我和他人争吵：

A.几乎没有

B.经常

C.太多

(5)你在一次聚会上迟到了,并且很紧张,而聚会上的其他人都很开心,你要多久才能进入聚会的状态?

A.马上

B.很慢

C.一般情况下不能进入聚会的状态

(6)一位女士正在寻找伴侣。她的一个追求者开着一辆价值100万元的汽车,你认为这对这位女士来说意味着什么?

A.这是一个提醒,应该小心地和这个人交往

B.这同他骑自行车没有什么区别

C.这是一个很好的机会

(7)你刚才慢跑了20分钟。你的感觉如何?

A.很好

B.很累

C.很舒服

(8)一个孩子想要完成一个很难的任务(比如试图搬动一件很重的东西),当这个孩子对自己的任务感到绝望时,你首先会:

A.鼓励他

B.安慰他

C.告诉他应该正确地估计自己的力气

(9)当我很不耐烦的时候:

A.我不会因此而伤害到其他人

B.我会因此而伤害到其他人

C.他人会对我如此具有攻击性而感到惊讶

(10)我帮助其他人:

A.只有当这样做有意义的时候

B.只有当其他人请求我的时候

C.即使他们根本就没有请求我的帮助

(11)我对他人:

A.总是自发地友好

B.开始时总是保持一定的距离

C.总是太严厉,使他人因此而感觉受到了伤害

(12)我的朋友们:

A.很少让我失望

B.时常让我失望

C.总是让我失望

(13)我觉得那些总是对我很友好的人:

A.非常好

B.有些可疑

C.让我感到无聊

计分标准:

选A得1分,选B得2分,选C得3分。最后计算总分。

结果分析:

20分以下

你首先会考虑自己的利益。你做那些对你有利的事,但是不会因此损害他人。别人会因为你的处事方法而感到快乐和满意。

20~30分

你对自己的重视不够。你太好心,你通常会想:"与其求别人帮忙,不如我自己做。"这种行为会使人觉得你"很好打发"。你对身边的人来说很实际,因为你不会带来麻烦,但是你自己会因此很吃亏。

30分以上

你总是和自己的利益过不去。你总是围着他人转,以他人为中心做一些讨他人喜欢的事,希望能使他人满意,但你为此所得到的回报却很少。有一句话,尽管很不中听,但是却很适合你的情况:"站在地毯上的人,当看到别人用地毯把自己裹起来的时候,不应该感到惊讶。"请你试着多关注一些你自己的利益,为自己的利益采取一些措施和手段。

第四章

张扬性格优势：让每一种性格发挥出它的天赋

古希腊著名数学家、力学家阿基米德曾说过这样一句话："给我一个支点，我能撬起整个地球。"这种杠杆原理同样适用于你的事业。

性格就是支点，事业就是杠杆，以你的性格为支点，以事业为杠杆，撬起的就是成功和人生的辉煌。

1.审时度势,抓住发展自己的时机

有位记者曾同一位老演员进行过一次交谈。记者问的是一个很普通的问题:一个人如果想在生活中获得成功,需要的是什么? 大脑? 精力? 还是教育?

老演员摇摇头:"这些东西都可以帮助你成功。但是我觉得有一件事更为重要,那就是看准时机。"

"这个时机,"他接着说,"就是行动,或者按兵不动,说话或是缄默不语的时机。在舞台上,每个演员都知道,把握时间是最重要的,我相信,在生活中它也是个关键。如果你掌握了审时度势的艺术,在你的婚姻、工作以及与他人的关系上,你就不必去追求幸福和成功,它们会自动找上门来的!"

如果你能学会在时机来临时识别它,在时机溜走之前就采取行动,生活中的问题就会大大简化了。那些反复遭受挫折的人经常对毫不留情的、不怀好意的世界感到泄气,他们几乎永远意识不到:他们一而再、再而三地进行了恰当的努力,但却在不恰当的时机放弃了。

许多人都以为会看时机是一种天分,也就是生来就具备的,就像是有的人生来就具有音乐细胞一样。但情况并非如此。通过观察那些似乎有幸具备这种天分的人,你会发现这是一种任何人只要努力留心就能获得的技能。

想要掌握恰到好处地处理时机的艺术,需要牢记五个必要的条件:

(1)要不断地提醒自己,掌握好时间。

掌握好时间在为人处世上具有重要意义。莎士比亚曾经写道:"人间万事都有一个涨潮时刻,如果把握住潮头,就会领你走向好运。"一旦你明确了"看准时机"的全部重要意义,你就朝着获得这种能力迈出了第一步。

(2)和自己订一项条约。

当你被愤怒、恐惧、嫉妒或者怨恨的旋涡所驱使时,千万不要做什么或者说什么。这些情绪的破坏力量可以毁坏你精心建立起来的"观时机制"。古希腊哲学家亚里士多德曾留下一段著名的话："任何人都会发火——那很容易；但是，要做到对适当的对象、以适当的程度、在适当的时机、为适当的目的，以及按适当的方式发火就不是每个人都能做到的了。这不是一件容易事。"

（3）加强自己的预见能力。

未来并不是一本合上了的书。大多数将要发生的事都是由正在发生的事所决定的。相对来说，很少有人能通过自觉的努力来设计今后的自己，预测未来的可能性并照此行动。

（4）学会忍耐。

你不能不信服爱默生所说的："如果一个人将自己置于天分的土壤中，并且坚定不移，巨人般的世界也会向他让步。"获取这种耐力没有灵丹妙药，它是一种智慧与自制力的微妙的结合体。但是一个人必须明白，过早的行动往往是欲速则不达。

（5）学会做一个局外人。

这也是最难的一条。我们的每时每刻都是与所有的人共享的，每个人都会从不同的角度去看待周围发生的事情。于是，真正地把握时机就包括以一个局外人的角色去了解其他人是怎样看待问题的。

2.适可而止，有优势也应该当退则退

"飞鸟尽，良弓藏；狡兔死，走狗烹"，"过河拆桥，卸磨杀驴"，类似的话还有不少。这些话既是愤怒的控诉，也是振聋发聩的提醒。话中告诉人们在成功当口应把握自己的命运，即使具备优势也要学会适可而止，激流勇退，保全自身。

功劳和成就能给人带来名誉、地位、金钱等，但也能招来猜疑、妒嫉甚至杀身之祸。所谓"木秀于林,风必摧之",只有懂得功成身退的人才能使自己免遭中伤、排挤和打击,才能保住人生的光辉不致遭受玷污。

　　汉初开国元勋张良一生富于传奇色彩。传说他年轻时遇到了一位仙人黄石公。仙人授给他一部神奇的兵书《太公兵法》,并告诉他:"读了这部书可以成为帝王之师。"后来,他辅佐刘邦夺取天下。其间,不但大政方针多数出自张良的策划,连许多具体小事也是靠张良来解决。刘邦自己曾向群臣表白:"夫运筹策于帷帐之中,决胜千里之外,吾不如子房。"意思是说:在中军帐里制定计策,决定千里之外打胜仗,在这方面我比不上子房(张良的字)。

　　刘邦一直倚重、信赖张良,这是刘邦善于用人的一个表现。但尽管如此,张良也洞悉刘邦为人的另一方面,即多疑好忌、冷酷无情。在关系到自身安危时,他对父母、子女毫无怜悯之心;为维护个人权力,他更会六亲不认。所以,在消灭了项羽,稳定了汉王朝之后,张良自动地退出了政治舞台。

　　刘邦分封功臣时,要封张良为三万户侯,并且让他从齐国土地上任意挑选封邑。张良却不接受这么高的封赏,他说:"是上天把我交给陛下,让我来帮陛下开创基业。当年我投奔您时,在留城和您相会一定是上天的安排。我受封留城就心满意足了,不愿受封三万户。"由于张良的坚持,刘邦就封他作了留侯,邑户一万。

　　刘邦定都长安,张良也在长安建立府第,任太子少傅之职。他平时总称自己身体有病,朝中的活动一概不参加,对国家大事不发表意见,甚至有时一年多不迈出大门一步。那么,他在家中干什么呢?原来,他在家里学"导引"之术,据说这是跟仙人学来的修炼方法:炼服丹药,辟谷(不吃食物),静居行气(相当于后代所说的气功)。刘邦曾派人询问他,他说:"我只凭三寸之舌就做了帝王之师,封为万户侯,这是人臣的最高地位了。现在我要脱离人间之事,准备跟随赤松子去遨游天地之外,请皇上不必再把凡尘之事委托给我。"

　　赤松子是古代传说中的神仙,张良说自己学神仙的道术,即将脱离凡尘进入仙境,不过是找借口以摆脱政务而已。

刘邦死后又过了8年,张良才死去。

史实证明,刘邦对付身居要位,特别是握有兵权的功臣的确是心狠手辣、毫不留情,韩信、英布、彭越等人先后被他除掉。张良由于置身风浪之外,得以平安度过晚年。

孙武和伍子胥帮吴王夫差打败了楚国,孙武主动引退,伍子胥留下却被夫差所杀。越王勾践消灭了吴王夫差后,范蠡劝文种和自己一起辞官隐居,文种不听。后来范蠡成了陶朱公而文种亦被勾践杀害,临死前,文种才后悔没有听范蠡的话。

从表面上看,张良、孙武、范蠡从高位上退了下来,是人生事业从高峰向低谷的转变;但是,从本质上看,这同样展示了他们生存策略方面的优势。对此,只要把他们与韩信、伍子胥、文种等人相比,就全明白了。

我们身边的朋友、工作中的上司,可能也有勾践、刘邦那种可以同患难却不可同富贵的人,有像赵匡胤那样担心你会威胁他地位的人,或是害红眼病的人。与这样的人相处,你不能不多个心眼。虽说"君子坦荡荡,小人常戚戚",但毕竟"防人之心不可无"。当你有成就时,不妨多强调领导的作用和大伙的功劳。要知道,贪功、不知进退有时会害了自己。

低调做人,当退则退,是聪明人的生存智慧,也是一种保护优势的好办法。

3.让性格特点促进优势的发挥

所谓性格的类型,是指在一类人身上所共有的性格特征的独特结合。认识不同性格类型的特点,有利于自己优势的发挥,走出一条有自己特色的路。下面将几种主要性格类型作一简要介绍。

(1)行为公式化的理智稳健型性格。

理智稳健型的人,比较习惯于遵照由思考所得的原则行动。至于这些原则,通常都是根据客观事实判断所得,并非先入为主的主观看法或根深蒂固的理念。

由于这种类型的人有根据客观事实推引思考的习惯,他们作出的结论多半能贴近现实。另外也容易有缺乏想象力、看得不够远的毛病。

在日常生活的行为模式上,一旦找出某些行为准则,这种类型的人每天的所作所为就很可能"公式化",没有任何随意性与浪漫。或许这是因为他们认定唯有按照某些准则生活,才可以达成心中的理想,因此,在严格贯彻理念与生活原则方面,他们是非常严格的。

一般而言,比较有行动力的理智稳健型的人,不只要求自己,也会要求别人遵照他认定的走向幸福的方法过日子。因此,在家庭生活上,他们通常会给亲人带来较大的压力。

(2)心事重重的沉静内省型性格。

沉静内省型的人非常喜欢沉思,不在意周围现实的变化。他们思考的内容多半集中于个人心灵的问题,不断深入其结果,经常使问题变得非常复杂细腻,产生许多疑团。

这一类型的人常抱着一种信念,就是人可借思考了解自己。他们既不听取别人的意见,也不在乎外界的看法。即使思考有了成果,他们也不会认为一定得讲给别人听,寻求他人的了解与赞同。

通常,这种类型的人相当欠缺生活能力,也不喜欢与人交往并接受别人的好意。由于常拒人于千里之外,一旦出现在众人面前,他们便会显得笨手笨脚或异常紧张。但有时他们也会不在乎一切,就像小孩子那样天真无邪。

在周围人的眼中,这种类型的人多半给人不易亲近的感觉,人际关系很差。不过,如果能成为他亲近的好友,可能就会发现其善良亲切的地方,从而对他的冷淡外表有所改观。

(3)自律谨严的克制忍让型性格。

克制忍让型的人虽常用"感性"做事,但他们心中还是隐隐有个价值尺度的,也就是遵照一般人习惯的做法或社会客观的状况行事。换言之,他们比较具随意性，能在自己的感性与社会的客观性之间找到妥协点，而不是完全按照自己的主观想法做事。比如，在众人面前讨论某些事物美不美时，他不会直率地把内心的答案讲出来，而会根据现场或社会一般准则加以评论。他们会避免与群体起冲突，总是希望与他人之间维持轻松愉快的气氛。不过，也不能说他们是有意撒谎或演戏，这只不过是很自然地把客观状况纳为自己判断与行动的基准而已。

这一类型的人做任何事都以感性思考出发，若某些事物让他们的感情完全没有发挥的空间，就会毅然决然地拒绝或退出。在这种情况下，有时他们会给人任性、反反复复、无法掌握的感觉。同时，他们提出的一些主张也经常显得没有说服力。

总之，这种类型的人在乎的是自己与周围的人、事之间是否拥有较和谐顺畅的关系。

(4)不可捉摸的孤郁敏感型性格。

外表沉静，难以接近，给人不可捉摸印象的孤郁敏感型的人，有时看起来非常平凡或有点小孩子气，实际上却有一颗忧郁敏感的心。他们不喜闲言，在众人面前常感不安，这是孤郁敏感型的特征。

这种类型的人不太会因客观情况变化而产生感情波动。但当他们情绪紊乱时，却多半找不出原因，难以解释。

因为他们总是与别人保持距离，所以很少引起人际之间的冲突。与这类人相处，则不免有种印象：这种类型的人在冷静外表的背后，或许有一颗冷淡、对别人没有爱的心吧？

这种性格的人常极力压抑情感，以避免情绪失控，在别人眼中便显得面无表情。再加上他们通常不会对人表示心里的喜悦或好感，与之相处的人便很容易感觉困惑，会不会自己不受他欢迎呢？在这样喜怒不形于色的人面前，任何人都会感到不自在。

然而，这种类型的人虽然表现上看起来冷冰冰的，事实上却有一颗感情丰富的心。有时候，他们聚精会神且很有同情心，但因为不善于用言辞或肢体动作表达，结果还是会被认为冷淡无情。

（5）注重现实的圆滑谨慎型性格。

圆滑谨慎型的人多半会根据"看得见、摸得着"的现实事物作判断，然后具体地采取行动。至于他们行动的目的，无非就是比较实际的生活享受。在较客观性的事情上，他们拥有敏锐的感觉，换句话说，他们很有"现实感"。另外，由于太注重对具体事物的感受，他们的行为很容易受到周围环境的制约。比如，为了适应现实，他们可以人云亦云、随波逐流，给人以没有原则、没有理想的印象。这种类型的人的优点在于能适应现实环境，缺点则是为人处世没有所谓的"理念"。

通常，这样的人比较有享受生活的能力。因此，他们多半生活愉快、幽默而风趣。把饮食问题当成是人生重大事项且乐在其中的人，喜欢欣赏美丽服装或家具的人，大体上都属于这种类型。

（6）对事主观化的紧张内敛型性格。

紧张内敛型的人通常感觉敏锐，他们多半不太会在意现实世界中发生的事情，而集中注意于对事物的主观感受上。换言之，他们在意的不是自己是否须对外界一些状况或刺激作出反应，而是内心对于外界事物有什么感觉，感受到了什么。

在这种状况下，此类型的人行为与反应模式便和一般人大相径庭。同时，由于他们的思考模式常不合理、没有秩序，人们便不容易了解他们动作的意义，甚至觉得这种类型的人有点奇怪。这是难免的，因为连他们自己有时都不了解自己在想什么、做什么，更何况是别人。

（7）果断热烈的直觉奔放型性格。

直觉奔放型性格，典型的就是那种能够"落叶知秋"、"三岁看老"的人。他们有敏锐的眼光与直觉，甚至可以从极偶然出现的事物判断出更大范围的环境变化。也就是说，他们能见人所未见、闻人所未闻。另外，他们的感觉与行动常常和一般人的模式不同，喜欢发挥自己的直觉能力。

这种类型的人还有另一个特色，就是他们总是不安于现状，经常追求新的事物、新的价值；若叫他们安居不动，那简直是在要他们的命。所以，这种像孙悟空似的绑不住又有行动力的人，最适合从事能在各方面发挥自己能力的职业。不过,他们也有可能因为兴趣太广泛,想做的事情太多,经常屁股还没有坐暖就转向,把播种的秧苗留给别人不劳而获。

此类型的人最大的特色,是面对新事物时能集中全力,释放出惊人的能量。可是,当该项工作或事物不再让他感到新鲜时,他便会毫不犹豫地拍拍屁股走人。可以说,这种人是为了"创造可能"而活的,他们总是不断地追求创新与变化,成败则根本不在考虑的范围内,常给别人旁若无人、唯我独尊的探险家印象。不过,如果不太以自我为中心,这类人很有可能在某些由他第一个闯出天地的领域里获得巨大的成就。

(8)超然忘我的幻想执拗型性格。

幻想执拗型的人总是习惯在自己的潜意识中找寻各种人生的可能性,但生活周围的一切对他而言似乎又不存在。他们通常不太合群,也不会贡献自己的能力为社会服务。

属于这种类型的人,最常见的便是一些神秘预言家或艺术家,但也有可能是梦想家或空想家。

由于这种类型的人经常突发奇想,而且想法与做法都远离现实,即使是他很亲近的人都会感到不可思议,从而认为他们的想法就是个"谜"。换言之,他们根本不在乎,也不理会现实生活中发生的一切,而只凭借幻想采取行动。因此,他们与社会大众约定俗成的规范格格不入或产生冲突也就理所当然了。另外,由于这种类型的人说话或者主张常过于主观,欠缺足以说服人的道理,多半无法获得别人的赞同或支持,在人群中很难拥有较大的影响力。

此外,此类型的人"直觉"的对象不只是具体发生的一些现象,连潜意识中浮现的东西,他们都可能捕捉到。换句话说,他们有深层意识的透视与直觉能力,这种能力能帮助他们看到或预言未来世界可能发生的某些事物或现象。

只有更好的性格,没有最好的性格。如果你能不断对自己的性格扬弃和优化,发挥自己的性格优势,你将会赢得理想的人生。

4.从事适合自己"气质特点"的职业

气质是人生的DNA,不同的气质类型影响着人的一生。

明确气质类型与职业的关系,对于人生择业意义重大。

(1)自信能力强:多血质人的职业选择。

多血质人,在激烈竞争的社会中,在瞬息万变的情况下,能够施展出自己的才干。他们是充满自信的人,有活动能力,而且会越来越强。

兴趣与适应性是事业成功的关键性要素。美国一个心理学家斯特朗打过一个有趣的比喻:"能力与兴趣的关系,就像发动机与舵手。发动机代表能力,它决定了行船的速度;舵手代表兴趣,它决定了行船的方向。船行进的里程就是工作的业绩,这业绩是由发动机(能力)和舵手(兴趣)两方面决定的。"

对一些人来讲,在有兴趣的领域,却并不一定有适应性;而在有适应性的领域呢,又可能没有兴趣。

而精力充沛、意志坚强、不达目的不罢休的多血质人,却往往能在那些缺乏适应性就无法立足的领域内大显身手。

种种体验和锻炼,都会成为有益的东西。所以,从一定意义上说,多血质人对所有的职业都具有适应性。重大局、不贪小利、不感情用事等,这些都是多血质人在气质方面的长处,他们具有较突出的外向性格,适应社交性强的工作,如政治家、外交家、商人、律师等。

而事实上,与其他气质的人相比,多血质人在处理复杂的人际关系上并不擅长,甚至是迟钝的。但他们能够以自己的长处来弥补自己的短处。他们与其他人合作,一般都能出成绩,这就是证明。

在事业上成功的多血质人,无论是在哪一个职业范围,几乎毫无例外都是勤奋的人。派给自己的工作越艰巨,越能激发出他的斗志。他们能以天生的顽强和苦干精神,去克服困难。

对过于简单、细致、琐碎、对缺乏竞争和刺激、只要求细心谨慎的工作,多血质人是产生不了兴趣和热望的,也做不出引人注目的成绩。

多血质人往往会选择更能发挥自己长处的领域,一步一步攀登,不急躁,不慌张,以最高水平向着目标奋斗下去。

如何处理个人与团体的关系,是多血质人是否能在一个团体内维护下去的检验标志。

多血质人不喜欢没有波澜的工作,他们总希望由自己来整治乱状态,并将其引入安定的局面。之所以这样,是由于他们不安于现状,总是渴望着向前。

多血质人对所有职业都有适应性,无论哪一门类的哪一种工作,他都可以胜任。而且,多血质人可以很快成为一个团体中的独当一面的人物。

如果从成果上对他的工作进行评价,可以看出,多血质人比其他气质类型的人钻研得更深入,贡献也相当可观。他们能使工作全面地向前推进,因而他们可以出色地胜任管理工作。要是再有一个好助手,那多血质人就完全可以成为一个成功的管理者。

多血质人能适应社会的进步,以发展的眼光进行谋划、设计。因此,他们对经商、计划、广告一类的职业的适应性很强。

商业活动中,市场调查、商品规划和扩大销售是三大支柱。这三大支柱互相紧密相依,支撑着商业活动的进行,而多血质人在这三大领域中都能够有很好的发挥。

将意志与能力贯彻到行动中去,多血质人就会成为一个大有所为的人。

(2)豪气冲天:胆汁质人的职业选择。

胆汁质人最大的气质特征是外向性、行动性和直觉性。因此,可以说胆汁质人对政治家、外交官、商人等职业有适应性。

已进入职业第一线的所有人,都应该尽量克服自己的性格弱点,平凡地工作,不懈地努力,而最重要的是尽量发挥自己的长处。

　　胆汁质人一旦就职,往往不会对本职工作有多专注;即使是深思熟虑后选择的工作,也不会有一定要为这个职业奉献全部身心的心情。不少胆汁质人经常更换工作,更换单位,甚至更换职业。也有不少胆汁质人凭着自己掌握的知识和技能,成为了自由职业者,自由自在地生活、工作。这样的人,如果找到自己满意的工作,有时也会飞黄腾达。

　　从职业的角度看胆汁质人,他们比其他气质的人要自由。

　　不是靠努力工作、不断进取,而是要自然地培养自己的实力,这是胆汁质人的特点。

　　胆汁质人具有脱离社会生活的生命力。他们冷静地注视一切现实,即使对自己身边发生的事情,也是以旁观者的态度来对待。因此,他们对作家、记者、图案设计师、实业家、护士等职业也有适应性。

　　他们任凭兴趣和感情行动,在行动过程中选择职业。也有的人从事需要敏锐感觉这种特殊才能的工作。在这一点上,胆汁质人是得天独厚的。所以,他们并不忙于未来生活的设想,而是尽情享受现实的快乐。也正是这个原因,一旦目标错了,有了重大的失误,胆汁质人就会一蹶不振,在社会上销声匿迹。

　　相信实实在在的实业,不相信虚的东西,这也是胆汁质人的特点。

　　另外,在体育界,胆汁质人也比较活跃。他们当中的许多人,凭着后天练就的技术、身体素质,再加上天生具备的本能等因素而活跃在前列。

　　胆汁质人看起来与细致工作无缘,其实并不尽然。胆汁质人也有特别精细的。不拘于眼前的胜负,而专注于行动,热情地向自己的极限挑战,这也是他们的特征。

　　胆汁质人只要干,在任何部门都能显示出较强的适应性,特别是在规划、广告、商业等方面,更是如鱼得水,会取得显著成果。这些领域,从追求利益的公司的角度看,是难以区别的,因为规划和广告都是为了商业。商业活动的好坏,直接关系着企业的兴衰;而商业活动的好坏,则取决于规划和广告。所以,胆汁质人在这一领域会做得更好。

　　把握气质的特征,发挥自己的优势,理想的火炬会将胆汁质人前方的路照得一片通明。

(3)恬静易变:黏液质人的职业选择。

黏液质人的出色之处是他们大多数都能很好地利用协调性、积极性、社会性及感情稳定性表现自己的才能,发挥出卓越的能力,且不论地位高低,都能在各自的行业中占有重要位置。

黏液质人适合做什么样的工作呢?

通常,能依职业适应性选择工作的人是不多的,而且可选择的范围也较窄。但黏液质人在正确把握自己的适应性选择职业方面成功率极高。有这样的例子:确认某人不适应某种职业,但他却去做了,并且获得了成功。这也许是因为他选择的职业足以使他引以为豪,于是克服了其不适应之处。对缺乏适应性的职业进行挑战,也是发现新的适应性的方法。

对于聪明的黏液质人来说,挑战也是一种生存方式。黏液质人能力不凡,他们不仅能从事学术、教育、研究、技术、医师等内向型职业,也可以活跃在政治家、外交官、商人、律师等外向型职业领域。他们当中,以其独特才能驰骋在作家、漫画家、艺术家、服装设计、广告宣传、新闻报道领域的也不少。当然,由于黏液质人能冷静地判断自己的才能,所以对不完全熟悉的特殊专业,他们也并不勉强自己。不少人会作为一名普通工作人员,在一个死板的机关里苦苦工作一辈子,直到退休。

黏液质人一般来说是能干的,他们的工作能力都较强。

他们善于处理人际关系,和任何人都能配合协调。

黏液质人处世精明,情报搜集能力也出类拔萃。这些人在混乱时期,在前途未卜的情况下,比较能发挥自己的能力。

事实上,黏液质人在改行后就能获得成功的在各个领域都不少见。所以,对他们来说,在职业选择问题上要放宽视野去考虑。

在实际工作岗位上,黏液质人多数表现为精明强干,如出色的公务员、有才气的作家、头脑明晰的银行家等。但是,黏液质人的职业选择范围不广,可以说很窄。尽管如此,他们却活跃在广泛的领域里。与职业适应性一样,他们对工作岗位的适应性也很强,最适合于他们的工作岗位是策划及一般事务一类。策划部门的工作是根据市场调查的结果,为企业开发、创造能吸引消费者的商品、促进销售而提供广告宣传、计划设计及广告制作等。一般事务部门的工作是统管人事劳务,其中包括文书、行政、事物等管理工作和总务、人事、劳务、工资、劳动秩序等管理工作以及职业培训、融通劳资关系等。总务部门中有各种各样的工作,各企业的总务内容也不尽相同,但总务工作却决定着一个企业的运转。所以,黏液质人的地位,往往极其关键,不容忽视。

发挥黏液质人的精明,与其平庸地封闭在某种不适应的职业上,不如选择一个新的领域,一试身手。

(4)沉稳不颠:抑郁质人的职业选择。

抑郁质人积极认真、努力向上、毫不懈怠,无论对什么职业都能一丝不苟。他们责任心强,在很多职业中都可以成为中坚分子,并担当重要的角色。

抑郁质人存在于任何一个领域,其最大的特征是内向、情绪化。

抑郁质人的内心很孤独,不擅长与人共事。因此,在与人交际较多的职业上,他需要花费更多的努力。如果有人不服从集体意志而要固执地坚持己见,那往往都是抑郁质人。

对于以人际交往为主的职业,如外交官、政治家、商业等外向型职业,抑郁质人都没有适应性和兴趣;而在只需要一个人刻苦奋斗的学术、教育、研究、技术开发和医学等内在要求慎重、细致、周密思考的职业领域,抑郁质人却能如鱼得水。但是,也不能说抑郁质人对所有的职业都不能适应。据心理调查,抑郁质人在有关诊断为完全没有职业适应性的职业中干得很成功的例证也不少。

无论置身于什么样的立场,只要肩负了责任,就会以所从事的工作为荣,努力解决因不太适应而造成的困难,努力把它做好。这正是抑郁质人的长处。

许多抑郁质人不是单凭聪明去处理事情,而是把自己所掌握的工作内容在头脑中组合、计算、确定方针,然后在这个范围内一个一个地去实行,把问题处理好。在这样的情况下,可以说是抑郁质人选择了与适应性相反的职业，也从中发现了新的适应方法。

抑郁质人应当发挥自己的优点，积极地向着正确的方向满怀信心地前进，这样就能够开拓自己的道路。如果不豁出宁愿出大汗、丢丑那样的决定，就是在适合自己的某个领域工作，也很难做得最好。

抑郁质人归属于集团的意识强烈，富有协调精神，作公务员而成功的很多。抑郁质人希望世界安定、平静、和平，这种气质特征很好地为他们从事公务员的职业开辟了道路。抑郁质人在管理方面的适应性也极高，所以，做官者也为数不少。抑郁质人有思考力、协调性，因此在会计、一般事务等方面的适应性也比较强。在经理关系方面，他们适合承担事务、记账、资金事务等工作；在总务关系方面，他们适合处理股份和法律事务的文书科、后勤等的总务科工作；在人事劳务关系方面，适合承担组织管理和工资管理、教育训练、工作和雇主问题等方面的工作。

即使拥有良好的天赋，但如果畏首畏尾，缺乏韧劲以及虚荣心太强，都会扼杀抑郁质人的潜能。

5.根据性格选择自己的职业类型

选择要比努力更加重要。选择一个适合你自己的处世方式，会使你在社交圈子中如鱼得水；选择一个适合你自己的职业，会使你在工作中得心应手。

既然性格与职业的关系如此密切，那么，不同类型的性格就会有与之相适应的职业。

理智稳健型性格适合的职业

理智稳健型性格的人，对自己的管理能力很强，做事一步一个脚印，扎实，擅长数据推理等方面的工作，特别是外交官、政府或军队机要的工作。另外,如果擅长辩论和谈判,也可以向律师或政治家方面努力。而且,这类人很擅长思维分析,所以也非常适合做经营家、企业分析工作人员之类的工作。

沉静内省型性格适合的职业

沉静内省型的人适合一个人干,比如在研究室内默默试验的研究人员,或者关在象牙塔内冥思苦想的学者。他们还适合在家里做一些能独立完成的工作,如写作、电脑软件设计等。另外,这种类型的人的思考是朝内的,所以也适合于探求人的心灵的、心理学方面的研究。他们不擅长的是应酬、商业。因为不善于与人打交道,所以他们不适合搞推销和服务工作。

这种类型的人非常追求理念,但在追求理念的方法上却表现出主观、固执等特点,并且对他人的存在漠不关心,甚至非常冷淡,所以他们一般只适合于依靠个人力量进行的工作。在这方面比较典型的例子便是哲学家康德。康德的内心世界非常丰富,其理性思维能力非常突出。但由于他自负自大,并且经常偏激地对待朋友,所以他的朋友并不多。当然,这丝毫不能阻碍他在自己内心建立一个庞大的理念世界和观念的"理想王国"。

克制忍让型性格适合的职业

克制忍让型的人因为性格能克制,又爽直,善于营造欢乐的气氛,所以特别受欢迎,适宜做出头露面的工作。

相反,这种人最不擅长的是需要逻辑性思维的工作,对于数字,更是一见就头痛。所以,最好别去做实验室里的工作及电脑工作者。

孤郁敏感型性格适合的职业

孤郁敏感型的人认真负责、坚忍不拔、工作能力强。他们平常是能抑制感情、冷静工作的人,所以适合做秘书之类的工作,也适合做诸如总务、内勤之类的工作。如果能激起其深藏于内心的同情心,护士、福利方面的工作也是比较适合的。

这种类型的人,由于特别腼腆,因此不适合做与人交往的工作,最好是躲开销售、到处出差之类的工作。

圆滑谨慎型性格适合的职业

对于圆滑谨慎型的人而言,只要是能够充分适合自己具有良好感觉的工作,哪种都可以。比如乐感很强,可以当音乐家;味觉敏感,可以当厨师;具有美术才能,可以从事绘画或设计等工作。

相反,这种类型的人不适合需要直观的工作,对于新事业的开发和经营也会有不胜重负之感。所以,涉及市场经济方面的工作对他来说,也许是个不幸。

这种性格的人对事物,不论是味觉,还是听觉、视觉和触觉方面的事,只要能让人愉快,他们就会感到满足。他们从来不追求模式和框框,也不追求理想,只看重现实,只有现实的美的东西才能令他们开心。所以,对于一些能从各方面得到享受的工作,他们一般都可以胜任,而且能从中得到满足感和成就感。

紧张内敛型性格适合的职业

对于紧张内敛型的人而言,凡是能够灵活运用独特感悟性的工作都是其天职。这类人适合画家、作家、设计师等需要创造性的工作。如果他喜欢电脑,那么去开发游戏软件也不错。

他们不适合的工作是现实主义的、需要快速判断的工作。比如,不适合需要时刻追逐情况、变幻不定的新闻报道业以及市场调查等职业。

直觉奔放型性格适合的职业

直觉奔放型的人适合操纵股票或外汇买卖。这种人洞察力强,所以在事业规划、预测流行方向方面,也能充分发挥自己的能力。另外,这类人很善于发现别人的才能,因此适合当编辑、画商等。

他们不擅长长时间坚持工作,所以最好不要做需要花费时间或需要耐性的工作。

幻想执拗型性格适合的职业

幻想执拗型的人很适合做艺术家。这种类型不适合的职业是与现实的人和事密切相关的工作,但是应该通过打工等训练以增强自己这方面的实践能力。

这种类型的人虽然直观能力很强,但他却是在无意识地接受信息,所以其直观感受的东西往往是非现实的东西。这种类型的人,往往会直观地感觉某个项目肯定能赚钱,且是一个风险度很高的直观印象,因为他并不是通过直观感觉现实中的信息,所以并没有太大的把握。

这种类型的人在还银行贷款的日子迫近时,是很难有信心挺住的,他往往会悲观地看待未来。所以,这种类型的人不适合做风险企业家。

从性格特点出发,选择一个适合自己的职业,会使自己工作游刃有余,否则会验证这句话:"鞋子怎么样,只有脚知道。"

6.保持个性,你是独一无二的

伟大的剧作家莎士比亚曾说过:"你是独一无二的。"这是对个性的最高赞美。在生活中,不管无意或有心,我们每个人多少都在掩饰自己。尤其当我们在公众中生活或从事自己认为重要的事情时,表演的痕迹就会愈加明显。一切都十分"完满"、"合乎规范",个性完全被淹没了。

凯丝·达莱是一位公共汽车驾驶员的女儿。她想当歌星,但她长得不好看,嘴巴太大,还长着龅牙。第一次在新泽西的一家夜总会里公开演唱时,她试图用上唇遮住牙齿,让自己看来显得高雅,结果却把自己弄得非常狼狈。

幸好当晚在座的一位男士认为她很有唱歌的天分,他很直率地对她说:"我看了你的表演,看得出来你想掩饰什么,你觉得你的牙齿很难看?"凯丝·达莱听了觉得很难堪,不过那个人还是继续说了下去:"龅牙又怎么样?那又不是犯罪!不要试图去掩饰它,张开嘴就唱,你越不以为然,听众就会越爱你。"

凯丝·达莱接受了他的建议,把龅牙的事抛诸脑后。从那次以后,她只把注意力集中在观众身上，尽情地演唱，后来成为了走红的歌星。

人生活在世间，能以本色天性面世，不费尽心机，不被那些无谓的人情客套、礼节规矩所拘束，能哭能笑，能苦能乐，泰然自在，怡然自得，真实自然，这样的人生才真实而快乐。

在追求成功的奋斗过程中，我们总会遇到各种不可预知的事情。要解决这些问题，在寻找切实可行的方法的同时，我们也要保持自己独特的个性，以本色天性坦然面对身边的人和事。

保罗·伯恩顿是一家石油公司的人事主管，他面试过的人超过6000。他说："求职者所犯的最大错误，就是不能保持自我。他们常常不能坦诚地回答问题，只想说出他认为你想听的答案。可是那一点用也没有，因为没有人愿意听到不真实的、虚伪的东西。"

个人魅力并非一朝一夕便能营造而成，它是由许多因素共同构成的，但最重要的是用体谅别人的心去学习成长，如此才能得到众人真心的喜爱。要达到这个目标，其实不容易，先决条件就是要保持个性。

"做你自己！"这是美国作曲家欧文·柏林给晚辈作曲家乔治·格什文的忠告。与格什文第一次会面时，欧文·柏林很欣赏格什文的才华，以格什文所能赚的3倍薪水请他做音乐秘书。可是欧文·柏林也劝告格什文："不要接受这份工作，如果你接受了，最多只能成为欧文·柏林第二；要是你能坚持下去，有一天，你会成为第一流的格什文。"

格什文接受了他的忠告，坚持走自己的路，最终成为20世纪极有贡献的美国作曲家。

历史上凡是有思想的人都是个性十分鲜明的人。没有个性便没有创造力，没有主见，没有独立的人格，也就不会有深邃的思想。每个人的个性都会有所不同，但保持自己独特的个性，正确地认识、分析自己，扬长避短，就会赢得大家的尊重，同时也有助于你的事业。

金圣叹是明末清初的大文人,他满腹才学,却无心功名八股,只安心做个靠教学评书养家糊口的"六等秀才"。在崇尚理学的风气中,他偏偏独钟为正统文人所不齿的稗官野史,被人称为"狂士"、"怪杰"。他对此全不在意,终日纵酒著书、我行我素、不求闻达、不修边幅。据记载,他常常饮酒谐谑,谈禅说道,能三四昼夜不醉。

清顺治十八年二月,清世祖驾崩,哀诏传至金圣叹家乡苏州,苏州书生百余人以哭灵为由,哭于文庙,为民请命,请求驱逐贪官县令任维初,这就是震惊朝野的"哭庙案"。清廷暴怒,捉拿此案首犯18人,全部斩首。金圣叹也是为首者之一,自然也难逃灾厄,但他不以生死为念,临难时的《绝命词》没有一个字提到生死,只念念不忘胸前的几本书。赴死之时,他从容不迫,口赋七绝。《清稗类钞》记载,他在被杀的当天,写家书一封托狱卒转给妻子,家书中写道:"字付大儿看,盐菜与黄豆同吃,大有胡桃滋味,此法一传,吾无遗憾矣。"

金圣叹坦然面对生死,执着于自己的追求,正是他个性的展示。

保持个性就是正确认识我们现在的样子,包括一切过失、缺点、短处、毛病以及我们的资产与力量。但是,我们要认清,那些缺点和劣势是属于我们,而不是等于我们,它意味着你先承认自己的长处和不足,在此基础上再充分地发挥并保持个性中最有利、最闪光的一面,从而凸显自己的魅力和优势。

保持个性还意味着接受真实的自己。我们绝大多数人一生中都没有什么机会可以赢得大奖,如金马奖、诺贝尔奖或金球奖等,大奖总是留给那些少数的精英分子的。不过,我们都有机会得到生活中的小奖,比如,每个人都有机会得到一个拥抱、一个亲吻、一封示爱的信件,或者只是一个大门口的停车位;生活中到处都有小小的喜悦,也许只有一杯冰茶、一碗热汤,或是一轮美丽的落日。更大一点的乐趣与奖项也不是没有,但生活的自由喜悦就够我们感激一生了,这许许多多都值得我们细细去品味、去咀嚼。

另外,保持个性还要求我们脱下面具。我们经常踌躇于表现自己和保护自己的冲突之间,也长久在追求功名与保持隐私之间挣扎与徘徊。

个性就是一个人独一无二的优势,把握好了自己的个性,并在生活中充分展示自己个性中的闪光点,你的人生就会精彩。

7.性格比能力更重要,千万不要做你不擅长的事

19世纪,约翰·皮尔彭特从耶鲁大学毕业,前途看上去充满了希望。然而,命运似乎有意捉弄他。因为皮尔彭特对学生是爱心有余而严厉不足,所以他很快就结束了做教师的职业生涯。但他并没有因此而灰心,依然信心十足。不久,他成为了一名律师,准备为维护法律的公正而努力。但他的性格似乎一点都不适合这一职业。他认为当事人是坏人,就会推掉找上门来的生意;他认为当事人是好人又会不计报酬地为之奔忙。对于这样一个人,律师界当然感到难以容忍,皮尔彭特只好再次选择离去,成了一位纺织品推销商。但他好像并没有从过去的挫折中吸取教训,他看不到商场竞争的残酷,在谈判中总让对手大获其利,而自己只有吃亏的份。于是,他只好再次改行当了牧师。但他又因为支持禁酒和反对奴隶制而得罪了教区信徒,被迫辞职……

1886年,皮尔彭特去世了。在他81年的生命历程中,他似乎一事无成。但是,你一定听过这首歌:"冲破大风雪,我们坐在雪橇上,快速奔驰过田野,我们欢笑又唱歌,马儿铃儿响叮当,令人心情多欢畅……"

这首家喻户晓的儿歌——《铃儿响叮当》,它的作者正是皮尔彭特。这是他在一个圣诞节前夜作为礼物,为邻居家的孩子们写的。因为他有着开朗乐观的性格、博大无私的胸怀、纯洁明净的内心,所以才能写出这样一首充满爱心和童趣的优秀作品。

由此看来,皮尔彭特之所以做不成称职的教师、律师和牧师,之所以在这些领域里一塌糊涂,就在于他的性格不适合这些职业。

皮尔彭特的故事告诉我们,再贵重的东西,如果用错了地方,也只能是垃圾或废物。在人生的坐标系里,一个人占到好地盘,比什么都强。

所以,看看自己的位置错了没有?位置站错了,那么一开始你就错了,如果还要继续错下去,你可能会永久地在卑微和失意中沉沦。

爱因斯坦在科学上的贡献家喻户晓,而在20世纪50年代,爱因斯坦曾收到一封信,信中邀请他去当以色列的总统。爱因斯坦毫不犹豫地予以拒绝。他在回信中写道:"我整个一生都在同客观物质打交道,因而既缺乏天生的才智,也缺乏经验来处理行政事务及公正地对待别人,所以,本人不适合如此高官重任。"

历史学家认为:"爱因斯坦是清醒而明智的,他的智慧和美德不仅在于他发现了相对论,还在于他发现了自己。"

有时,一个人竭尽全力去做一件事而没有成功,并不意味着做其他事也不会成功。所以,在行动之前,先要想一下自己走的路对不对,如果选择了一条不适合自己的道路,那将注定难以成功。

而我们很多人,在人生道路上的错误往往是从违背自己的性格开始的:售货员想要教书,而天生的教师却在经营着商店;本来只能粉刷篱笆的人却在画布上涂鸦;有人站在柜台后三心二意地接待顾客的同时却梦想着其他职业;一位优秀的鞋匠为自己社区的报纸写了几行诗歌,朋友们就把他称为诗人,于是他竟然放弃了自己熟悉的职业,利用自己并不熟悉的电脑来写作……

难怪美国总统富兰克林感叹:"有事可做的人就有了自己的产业,而只有从事天性擅长的职业,才会给他带来利益和荣誉。站着的农夫要比跪着的贵族高大得多!"

所以说,决定你是不是最好的,既不是物质财富的多少,也不是身份的贵贱,而是你是否拥有实现自己理想的强烈愿望,你的性格优势能否充分地发挥。

有位记者采访投资银行一代宗师摩根，问："决定你成功的条件是什么？"

摩根毫不掩饰地说："性格。"

记者又问："那么，资本和资金哪一个更重要？"

老摩根一语中的地答道："资本比资金重要，但最重要的还是性格。"

确实，翻开摩根的奋斗史，不论是他成功地在欧洲发行美国公债，慧眼识中无名小卒的建议而大搞钢铁托拉斯，还是力排众议，甚至冒着生命危险推行全国铁路联合，都归结于他那倔强和敢于创新的性格。如果排除这一条，恐怕有再多的资本也无法开创投资银行。

1998年5月，华盛顿大学有幸请来世界巨富沃沦·巴菲特和比尔·盖茨演讲。当学生问"你们是怎么变得比上帝还富有的"这一有趣的问题时，巴菲特说："这个问题非常简单，原因不在智商。为什么聪明人会做一些阻碍自己发挥全部工效的事情呢？原因在于习惯、性格和脾气。就像我说的，这里的每个人都完全有能力获得和我一样的成功，甚至超过我。但是有些人做得到，有些却做不到。做不到的那些人，是因为你自己阻碍了自己，而不是这个世界不让你做到。你自己压抑了自己的性格，扼杀了自己的天赋，一句话，自己挡住了自己的路！"

TIPS：破译性格与气质的不解之谜

气质难以捉摸，仿佛是个不解之谜。但在今天，气质已成为现代生活中一个不可或缺的人生要素，或者说人生优势。

气质是什么

气质与生俱来，如同风云变幻莫测，但每个人都有其固定的、与众不同的气质：或稳重沉着，和蔼可亲；或说话尖刻，叫人无法接近；或开朗活泼，富于感染力，跟谁都容易亲近；或落落寡欢，跟谁都难以相处，使人感到郁网等。气质可以从一个人的动作、表情、语调和待人接物的态度推测出来。但到底什么是气质呢？

气质的含义，古今中外都做过探讨。在我国古代，"气质"说最早见于《周易》、《尚书》、《内经》、《春秋繁露》等著作；在西方，"气质"一词，则最早起源于古希腊，古希腊医生希波克拉底做过长期考察，可是，一直没有一个科学的概念。直到近代，随着科学心理学的发展，对"气质"才形成了真正的科学概念。苏联生理学家巴甫洛夫对此进行了大量的研究，波兰心理学家斯特里劳在巴甫洛夫研究的基础上又进一步作了研究。

以上都是从科学的角度来看气质。

可是，从这个角度看的话，我们生活中听到的"这人气质真好"、"这人气质不好"之类的话就全是废话，因为科学是没有好与坏的。

显然，还可以从另外一个角度来考察气质这个复杂的鬼精灵。

那么，这另外一个角度，指的是什么角度呢？

就是"好看"与"不好看"的角度，也就是美学的角度。如果从美学的角度来定义气质，那所谓的气质，指的就是一个人的风格、风度以及风貌。

比如说，如果你是一位淑女，你的男朋友穿上名牌西服，你会觉得他真有气质，简直迷死人了；假如他穿上牛仔衣，你会很失望，觉得他的形象在你的眼中简直糟透了。

气质与性格之异同

在人们用智能、才能、性格、气质之类的词来表现人的精神活动时，其中包含着从父母那里遗传性地继承下来的东西和在出生后的生长环境中学到的东西。

为了方便，人们把"不变的固定倾向"称作"气质"；把以气质为基础，从幼儿期以来所形成的个性叫作"性格"。

所谓"气质"，是本人无法左右的，从父母那里遗传性地继承下来的、先天就具备的本能的部分(体质)。

所谓"性格"，就是在成长过程中、在所处环境中接受各种事物的影响，后天培养而形成的理性的部分(性质)。

第四章
张扬性格优势：让每一种性格发挥出它的天赋

下了定义之后就要区别使用了。虽然"气质"和"性格"融合起来可称为个性，但是性格与气质并不是并立的。性格的基点是气质，性格以气质为基础并因气质所应有的特征形成各种各样的性格。

因性格的基点是气质，所以即使处于相同的环境之下，因存在着心理差异，人们承受的环境影响的方式也会有所不同，从而形成了每个人不同的性格。

由于气质的存在方式不同，即使处在同一环境里，该环境所产生的心理意味也会存在各自的不同，因此人们从环境中所受到的影响也存在着微妙的差异，每个人的不同性格就是在这种环境中形成的。

仅从表面上区分性格和气质几乎是不可能的，因为性格和气质互相牵制、互相补充、互相影响，从表面上反映出来的行为未必就是一个人气质的真实表现。看一个人表面的言行，简单而迅速地断定某个人是什么性格、什么气质，这是危险的。可以说，一般来看，喜怒哀乐、思考能力、判断能力、创造能力、爱管闲事、漠不关心、随和、优越感、自卑感、自信、细致、粗心、敏感、迟钝、神经质、忍耐力、见异思迁等精神活动，是性格性表现；老实、粗暴、活泼、有精力、好奇心、脾气大、胆小、大胆、痛快、沮丧、开朗、不稳重、麻利、文静等活动，是气质性表现。

这个世界上只有一个你，这种独一无二的个性优势是你的气质与性格决定的。运用好你的个性优势将使你的人生更加风光！

第五章

提升自我，为优势补充潜在能量

提升自我的工具就掌握在自己手里，要不停地使用它们。如果斧子钝了，砍伐时就需要使更大的力气；如果机会少了，就需要花更多的精力，付出更多的艰辛……无论如何，只要持之以恒，就能保证成功！

1.不惜一切代价，走入良好的环境

倘若你和一般失败者面谈，你就会发现：他们失败的原因，是因为他们无法获得良好的环境，他们从来不曾走入过足以激发人、鼓励人的环境中，他们的潜能从来不曾被激发。

约翰·费尔德看见自己的儿子马歇尔在戴维斯的店里招待顾客，就问戴维斯："戴维斯，近来马歇尔生意学得怎样？"

戴维斯一边从桶里拣出一只苹果递给约翰·费尔德，一边答道："约翰，我们是多年的老朋友，不想让你日后后悔，而我又是一个直爽的人，喜欢讲老实话。马歇尔肯定是个稳健的好孩子，这不用说，一看就知道。但是，即使在我的店里学上一千年，他也不会成为一个出色的商人，他生来就不是个做商人的料。约翰，你还是把他领回乡下去，教他学养牛吧！"

如果马歇尔依旧留在戴维斯的店里做个伙计，那么他日后绝不会成为举世闻名的商人。可是他随后到了芝加哥，亲眼看见在他周围许多原来很贫穷的孩子做出了惊人的事业，他的志气突然被唤起，他的心中也烧起了一个要做大商人的决心。他问自己："如果别人能做出惊人的事业来，为什么我不能？"其实，他具有大商人的天赋，但戴维斯店铺里的环境不足以激发他潜伏着的才能，无法发挥自己储藏着的能量。

一般来说，一个人的才能来源于他的天赋，而天赋又不大容易改变。但实际上，大多数人的志气和才能都深藏潜伏着，必须要外界的东西予以激发才能显现出来。志气一旦被激发，如果又能加以继续的关注和教育，就能发扬光大，否则终将萎缩而消失。

因此，如果人们的天赋与才能不被激发，不能保持，不能得以发扬光大，其固有的才能就会变得迟钝并失去它的力量。

绝大多数人的体内都潜伏着巨大的才能,但这种潜能酣睡着,一旦被激发,便能做出惊人的事业来。

在美国西部某市的法院里有一位法官,他中年时还是一个不识文墨的铁匠,他现在60岁了,却成为全城最大的图书馆的主人,获得了许多读者的称誉,被人认为是学识渊博、为民谋福利的人。这位法官唯一的希望,就是帮助同胞们接受教育,获得知识。可是他自身并没有接受过系统的教育,为何会产生这样的宏大抱负呢?原来他不过是偶然听了一篇关于"教育之价值"的演讲。结果,这次演讲唤醒了他潜伏着的才能,激发了他远大的志向,从而使他做出了这番造福一地民众的事业。

在现实生活中,有许多人直到老年时才表现出他们的才能。这是为什么呢?有的是由于阅读富有感染力的书籍而受到激发;有的是由于聆听了富有说服力的讲演而受感动;有的是由于朋友真挚的鼓励……而对于激发一个人的潜能,作用最大的往往是朋友的信任、鼓励、赞扬。

在印第安人的学堂里,曾经刊登过不少印第安青年的照片,他们从学校毕业时的神情与他们刚刚从家乡出来时的神情大为不同。在毕业照片上,他们是一副气宇轩昂的模样,一个个服装整齐,脸上流露出智慧,双目炯炯。看了这样的照片,你一定可以预见他们将来能做出伟大的事业来。但是大部分人回到他们自己的部落以后,过不了多久,就不能保持他们新的标准了,逐渐又恢复了旧日的面目。这当然不能一概而论,也有少数人由于具有坚强的意志,而抵抗住了堕落。

在人的一生中,无论何种情形,你都要不惜一切代价,走入一种可以激发你的潜在能力的环境中,你要努力接近那些了解你、信任你、鼓励你的人,这对于你日后的发展具有莫大的影响。

你更要与那些努力要在世界上有所表现的人接近,他们往往志趣高雅、抱负远大。接近那些坚决奋斗的人，你便会在不知不觉中深受他们的感染，培养起奋发有为的精神。

2.凭借"机智优势"谋得成功

最聪明的人，不是用自己的弱项去与人过招，而是用自己的强项去攻击别人的弱项。这需要机智。

机智，是一种难得的优势。这种优势对一个人来说太重要了，它能为你提供智慧的密码。因此，你应当学会处处寻找制胜的机智，时时发挥机智制胜的优势。

谁能够精确地估算出由于缺乏机智优势而导致的损失？那些人生旅途上的跌跌撞撞、磕磕碰碰，那些生活中的弯路和陷阱，那些跌倒后的辛酸、苦涩与困惑，那些由于人们不知道怎样在合适的时间做合适的事情而导致的致命错误！你经常可以看到蓬勃洋溢的才华被无谓地浪费，或者是得不到有效的利用，因为这些才华的拥有者缺乏这种被称之"机智"的微妙品质和优势。

或许你接受过高深的大学教育，或许你在自己的专业领域受到过最尖端的训练，或许你在自己所从事的行业是一个真正的天才，然而，你仍然可能在这个世界上郁郁不得志或是难展宏图。但是，一旦你能够在原有才干的基础上增加机智这种品质，并与才干结合起来，你将惊奇地发现，前途是多么坦荡光明，而你在发展自己的事业时又是多么得心应手。

不管一个人是多么才华横溢、天资过人，如果他缺乏足够的机智来对才华和天资进行有效的引导，不能够在适当的时间说适当的话、做适当的事，那么他还是无法有效地施展和运用自身的才华。

与那些有着卓越才干却缺乏机智的人相比，有成千上万的人尽管才能平庸，但却由于其机智灵活的优势而取得了更大的成就。

你处处都可以看到这样一些人：他们仅仅因为不能主动寻找制胜的契机而备受挫折，遭受友谊、客户和金钱方面的巨大损失，他们所付出的代价是极其惨重的。由于缺乏机智，商人因此流失了自己的顾客，律师因此而失去了富有的客户，医生则因此患者骤减、门庭冷落，编辑为此失去了作者，牧师则丧失了他在讲道坛上的说服力和在公众心目中的崇高形象，教师在学生中的地位为此一落千丈，政治家也为此失去了民众的支持和信任……

一位著名的商界人士把机智列为促使其成功的首要因素，另外的三大因素是：远大的抱负、专门的商业知识和得体的穿着打扮。

试想一下，如果银行的出纳员或营业员缺乏机智，会有多少富裕的储户因此而愤愤离去，另投他门啊！

某先生尽管极具才干，并过着刻苦努力的生活，然而，由于个性中缺乏机智这种卓越的优势，他的努力几乎完全付诸东流。他好像永远都无法与他人和平共处。尽管除了机智之外，他似乎具备了成为一个杰出人物、一个领导者的全部品质，然而，正是这一不足构成了他的致命缺陷，使得他的生活波折重重、坎坷颇多。他总是做那些不该做的事，说那些不该说的话，并在无意之中伤害他人的感情，所有的这一切都抵消了他刻苦努力所取得的结果，使得其他的努力变得毫无意义。因为在他的头脑里，压根就没有"机智"这样一个概念，他一直都在不断地得罪和冒犯他人。

关于机智，还有下面的论述：

"一个机智灵活的人不仅能够最大限度地利用他所知道的一切事物，而且能够巧妙地利用许多他所不了解的事物。通过熟练圆滑的技巧，他可以机敏地掩饰自己的无知，并比一个企图展示自己博学的老学者更能赢得人们的尊敬。"

在历史上，借助于机智成就大事者不胜枚举。以林肯为例，机智使他得以从内战期间无数不利的处境中解脱出来。

林肯说："在运用机智和谋略的过程中，幽默始终在发生着作用，幽默还会滋养我们的心灵。很多时候，我们在想到那些灵巧高明的技法时，会情不自禁地想笑，这些技法在日后总是被证明为恰当的。在机智地运用谋略时，并不需要任何欺骗，我们所要做的就是展示一种正确的诱导，从而最有效地吸引和说服那些尚在徘徊观望的人。应该说，这种在恰当的时间内把应当完成的事情处理好的技巧是一种艺术。"

3.勤奋是所有成功者必备的优势

没有优势，怎么办？俗话说："勤能补拙。"在学校，老师经常向我们念叨此话。当你走上社会之后，这句话仍有必要谨记在心。

当你走上纷繁复杂的社会之后，首先要认定自己是"巧"还是"拙"。也许你感到自己在茫茫人海中是那么渺小，你原先学到的一点东西也确实是沧海一粟。当然，刚刚走上社会，承认自己"拙"的人并不太多，大多数人都认为自己就算不是天才，至少也是个有用之才！但现实生活中，真正能一步冲天的年轻人真少！有的不仅冲不起来，还跌下来摔了跟头。为何如此？一曰知识不够，二曰能力不足！

对于这两种不足，都可运用一个办法加以补救——"勤"。

一个人的能力，尤其是专业知识、工作规划以及处理问题的能力，都不是三两天就可以培养起来的，但只要"勤"，就能有效地提高自己这方面的能力！所以"勤"本身就是一种优势资源。

所谓"勤"，就是要勤学，在自己的工作岗位上一刻也不放弃，一个机会也不放弃地学习，同时也要向有经验的人请教。别人休息，你在学习，别人去旅行，你去学习，别人一天只有8个小时的工作时间，你则有16个小时，那就等于一天当两天用。这种密集的、不间断的学习效果相当显著。如果你本身的能力已经高于基准的水平线，再加上你的这种"勤"，你很快就会在所处的团体中发出亮光，引人注意！

还有一种人确实能力不足，也就是说，他的先天资质就不如他人，学习能力也比别人差。这种人要和别人比较长短是很辛苦的,他应该在平时多多自我反省,认清自己的能力,不要自我膨胀,迷失自我,否则这种人一辈子最悲哀的事便是失败、失败、失败!

其实,"勤"并不只是为了补"拙",即使是聪者、智者也不能离开一个"勤"字。在一个团体里,一个能始终做到"勤"的人会为自己带来很多好处:

(1)给自己塑造一种敬业的形象。

当其他人浑水摸鱼而你在兢兢业业地勤奋工作时,这种敬业精神就会成为他人眼里的焦点,从而得到他人的钦佩。

(2)容易获得别人谅解。

当工作出错时,有些上司喜欢找个替罪羊。如果你很"勤",他便不大会找到你头上,因为人们一般不会找一个勤于工作的人来替罪;如果你确实做错了事,一般人也不忍心指责你,他们总是会认为,人家已经那么认真了,出点错,下次改了就行了。

(3)容易获得主管的信任。

当主管的喜欢启用勤奋的人,因为这样他比较放心;如果你真的能力不足,但你够勤奋,主管还是会给你合适的机会。当主管的都喜欢鼓励肯于上进的人,此理古今中外皆同。

看看那些成功人士的故事,你就会发现,一个人的成功除了机遇与天资外,真正离不开的还是一个"勤"字。"勤"不仅能补"拙",更能助你一臂之力,让你迈向成功。

4.掌握口才优势,你将获益终生

一个人若没有良好的口才优势,一旦走上社会,走上独立生活的道路,就很难在事业上、爱情上、生活上取得令自己满意的效果。就好像如果鸟儿失去羽翼,就不能很好地发挥本身应有的技能,无法飞上天空。

第五章
提升自我，为优势补充潜在能量

每天，我们每一个人都会遇到这样那样的一些场合，需要我们说上几句适当的话。这几句适当的话，能够帮我们很大的忙，解决我们生活中许多大大小小的问题。因此，如果我们极有口才，那对于生活、工作、事业、爱情都会有很大益处。

在真理与谬误的短兵相接中，纵使你满腹经纶、学富五车，但如果你是"茶壶里的饺子——有货倒不出"，就无法驳倒谬论，无法赢得群众。在历史上，康有为在光绪皇帝召集当朝五大臣问对时，力陈己见，驳斥了荣禄、李鸿章等人的"祖宗之法不可变"的谬说，促成了"戊戌变法"的改革之举，他也成了"百日维新"的领袖。资产阶级民主革命时期，革命派领袖孙中山在其环球旅行中，每到一地都发表演说，倡导革命，批驳保皇派改良理论。人们亲热地称他为"孙大炮"，就是因为他的鼓动之词犹如密集的炮火，具有慑人魂魄的威力。

一个会说话的人，可以完整流利地表达出自己的思想、意图，也能够把道理说得很清楚、很完整、很动听，使别人乐意接受。有时候，还可以立刻从问答中测知对方的意图，并从对方的谈话中得到启发，增加对对方的了解，从而使双方都能够很好地建立起良好的友谊。

我们常常可以看到许多不会说话的人因说话不连贯、断断续续，站着或坐着都不自在，自己总感到非常别扭，甚至出现面红耳赤的现象。他们的言语很难完整、清楚地表达出自己的意图，往往使对方很费神，不能清楚明确地了解他的意思，同时又不能使人信服地接受。这就会造成交流上的困难，给自己在事业、爱情、生活、交际上带来或造成不少阻碍，抑制个人的发展。

说话水平高，很多机会呼之即来；口才水平低，很多机会闻"声"而去。

因为在这个熙来攘往的世界上，机会总是随着人的愿望和意思而流动的。而表达愿望和意思的基本工具便是语言。那些说话水平高超的人大都会把各种愿望和意思恰到好处地表达出来，把各种利益顺理成章地聚拢到对自己有利的方向上来。

首先，要学会赞美。

拒绝怀才不遇
refuse underappreciated

人总是喜欢被赞美的。现实生活中,无论是与朋友还是客户交谈,不妨多谈谈对方的得意之事,这样比较容易赢得对方的认同。如果恰到好处,他肯定会高兴,并对你有好感。

美国著名的柯达公司创始人伊斯曼捐赠巨款,打算在罗彻斯特建造一座音乐堂、一座纪念馆和一座戏院。为承接这批建筑物内的座椅,许多制造商展开了激烈的竞争。但是,找伊斯曼谈生意的商人无不乘兴而来,败兴而归,一无所获。正是在这样的情况下,"优美座位公司"的经理亚当森前来会见伊斯曼,希望能够得到这笔价值9万美元的生意。

伊斯曼的秘书在引见亚当森前,就对亚当森说:"我知道您急于得到这批订货,但我现在可以告诉您,如果您占用了伊斯曼先生5分钟以上的时间,您就完了。他是一个很严厉的大忙人,所以您进去后要快快地讲。"亚当森微笑着点头称是。

亚当森被引进伊斯曼的办公室后,看见伊斯曼正埋头于桌上的一堆文件,于是静静地站在那里仔细地打量起这间办公室来。

过了一会儿,伊斯曼抬起头来,发现了亚当森,便问道:"先生,有何见教?"

秘书为亚当森作了简单的介绍后,便退了出去。这时,亚当森没有谈生意,而是说:"伊斯曼先生,在我等您的时候,我仔细地观察了您这间办公室。我本人长期从事室内的木工装修,但从来没见过装修得这么精致的办公室。"

伊期曼回答说:"哎呀!您提醒了我差不多忘记了的事情。这间办公室是我亲自设计的,当初刚建好的时候,我喜欢极了。但是后来一忙,一连几个星期我都没有机会仔细欣赏一下这个房间。"

亚当森走到墙边,用手在木板上一擦,说:"这是英国橡木,是不是?意大利的橡木质地不是这样的。"

"是的,"伊斯曼高兴地站起身来回答说,"那是从英国进口的橡木,是我的一位专门研究室内橡木的朋友专程去英国为我订的货。"

第五章
提升自我，为优势补充潜在能量

伊斯曼心情极好，便带着亚当森仔细地参观起了办公室。

他把办公室内所有的装饰一件件向亚当森作介绍，从木质谈到比例，又从比例扯到颜色，从手艺谈到价格，然后又详细介绍了他设计的经过。

此时，亚当森微笑着聆听，显得饶有兴致。他看到伊斯曼谈兴正浓，便好奇地询问起他的经历。伊斯曼便向他讲述了自己苦难的青少年时代的生活，母子俩如何在贫困中挣扎的情景，自己发明柯达相机的经过，以及自己打算为社会所作的巨额的捐赠……

亚当森由衷地赞扬他的功德心。

本来秘书警告过亚当森，谈话不要超过5分钟。结果，亚当森和伊斯曼谈了一个小时又一个小时，一直谈到中午。

最后，伊斯曼对亚当森说："上次我在日本买了几张椅子，放在我家的走廊里，由于日晒，都脱了漆。昨天我上街买了油漆，打算由我自己把它们重新油好。您有兴趣看看我的油漆表演吗？好了，到我家里和我一起吃午饭，再看看我的手艺。"

午饭以后，伊斯曼便动手，把椅子一一漆好，并深感自豪。直到亚当森告别的时候，两人都未谈及生意。

最后，亚当森不但得到了大批的订单，还和伊斯曼结下了终身的友谊。

为什么伊斯曼把这笔大生意给了亚当森，而没给别人？这与亚当森的口才很有关系。如果他一进办公室就谈生意，十有八九要被赶出来。亚当森成功的诀窍，就在于他了解谈判对象。他从伊斯曼的办公室入手，巧妙地赞扬了伊斯曼的成就，谈得更多的是伊斯曼的得意之事，这使伊斯曼的自尊心得到了极大的满足，把他视为知己。这笔生意当然非亚当森莫属了。

其次，不当话痨，把话语权分给别人一些。

希腊哲人芝诺说："我们之所以长着两只耳朵一张嘴，是为了多听少说。"当一个青年向他滔滔不绝地说话时，他打断说："你的耳朵掉下来变成舌头了。"

确实有许多能言会道的人,他们的嘴是身上最发达的器官,无论走到哪里,嘴巴都是身上最锋利的武器。他们只想表达自己,却很少有心情倾听他人。虽然他们算得上一等一的话痨,和别人交流的机会也非常多,但他们并不了解别人,人缘一般。他们说得越多,了解别人的机会就越少。

只有让对方多说,了解他的机会才会越多。而越了解一个人,你就越能赢得他的好感,他也就越愿意与你打交道。

纽约大学的社会学专家达尼尔格兰做过这样一个实验:他把每三个女大学生分成一组,每一组由两名同校女大学生和另外一名外校女大学生组成,让她们进行10分钟的交谈。在这个谈话过程中,因为三人中有两人是同一所大学的,所以大家谈话的时候就会忽视另外一名。结果,正常对话的同校女大学生在交流中使用的重音占谈话的11%,而被忽视的那名外校女大学生的对话重音达到了41%。而且,在这些被忽视的外校女大学生中,也就是重音使用频繁41%的女大学生中,有一半人感到自己性格内向。

这个试验说明,当两个同校女生毫不顾忌地说话时,会夺走另一个外校女生的发言权,导致她因内心不舒服而出现说话声音增大的现象,这表明她产生了一种消极的情绪。因此,从今以后,与人聊天时,别只顾着自己说,也要问问别人:"你是怎么认为的?"多听别人说,引导别人多说,才是有效的沟通之道。

5.不懈求知,积累优势才能爆发胜利

没有人是完美无瑕的,努力找出自己和别人内在人格中的优点,保持或效法这些优点,努力改进其他不足之处,人格的特质才会日臻完善。

求知是积累优势走向成功的第一步。有成就的人往往更爱学习,因为这可以助长他们的优势。相信这个世界上,再没有人比亨利·布莱顿更忙碌的了。

第五章
提升自我，为优势补充潜在能量

相信这个世界上，再没有人比亨利·布莱顿更忙碌的了。这个大忙人虽然才30岁左右，但却已经是美国SERVO公司的总经理了，他也是当前美国顶尖的弹道导弹专家之一。虽然已经身居要职，但布莱顿依然勤学不辍，一天辛勤工作完后，晚上他还要上课继续进修学习，他选择的科目是素描。为什么他要学素描？布莱顿的回答令人感动："因为素描可以有效地将我的创意描述给自己领导的技术人员知道。"虽然他已经功成名就，但他不认为这是人生的终点。

另外，他还利用晚上的空闲时间学习打字、雷达技术、西班牙语、管理学、演讲术等，凡是对他的经营有帮助的他都学。事实上，他也真的能学以致用，并且都收到了很好的效果。

为什么亨利·布莱顿如此热衷于学习呢？其实，像亨利·布莱顿这样顶尖的人才，多半都了解一个事实——人生非常短暂，每天能让自己思考和学习的时间极为有限。

因此，凡是能用来自由思考和学习的时间，他们连一分一秒都不愿浪费，并且设法做到有效的利用，因为他们希望能在自己的工作上或专业范围内获得绝对的成功。一个真正成功的人，即使每天工作再多再累，他也绝不会埋怨，并且还会腾出时间继续进修学习。

的确，唯有努力才能使人成功。但一次成功并非终点，必须为获得下一次成功而再接再厉。从古至今，凡是有大成就者都不肯满足于现状，他们总是不断地为更美好的明天做准备。你不妨利用闲暇的时间去学一些对工作或提升工作效率有益的事。有效地利用目前可供自己自由思考和学习的时间，可以保证你将来的成功。这是投资，也是保险！工作以外的时间，你都在做些什么？这些时间都是属于你自己的自由时间，但是，你是不是有效地利用了这些时间呢？有没有珍惜这宝贵的时间？有没有在这些时间里做有意义的事？例如，阅读一些与专业知识有关的书，或是思考如何让工作做得更好。

当然,我们不必整天处于紧张状态,为了走更长的路,我们也需要休息,而且没有人想让自己的生活里只有工作。但要记住,时间就是生命,别将宝贵的时间完全浪费在玩乐上。你应该审慎地思考一些有意义的事,就像亨利·布莱顿所说:"人类拥有头脑——一个如此神奇的东西,如果把它浪费在一些无聊事上,岂不太可惜了!"如果你想创造更美好的明天,就应该将自己能自由运用的时间用来做可以增加今天的工作效率或具有实际价值的事。吸收新知,可以帮助你在某些时刻引发深藏在内心深处仅属于自己的原始创意。或许将来某一天,这些创意会成为你的优势,成为你走向成功的有利工具。知识,无论你学了多少,都将累积在你的脑海里,成为你自己的东西,既不会消失,别人也偷不走。

6.人缘优势,好人脉像呼吸一样必不可少

有人缘,才有财缘。能赢得生活在你周围的人对你的好感,你就可能随时获得一些意想不到的创富、发财机会和信息。

每一个稍有生活常识的人,甚至一个学龄儿童,都会知道这样的道理:如果你在周围的人心中有一个好印象,那会给你自己的生活带来许多方便和益处。

那些受到长辈们喜欢、朋友们亲近的人,常常能够得到扶助和提携。这样的人,事业上似乎总是一帆风顺,赚起钱来也总是机会一个接一个,不费吹灰之力。

反之,如果你和大家的关系不是那么融洽,甚至还得罪过很多人,你就会感到一切都不方便,赚钱的机会自然也就少了。

不言而喻的是,你想获得他人的好印象,绝不是想想或者说说就可以的,而应该知道为此做点什么。

如果你碰上了什么事,不愿做出一点努力,或者本来应该要做的事懒

得去做,或者本来愿意做的事,因为困难又害怕去做,如此等等,你想要周围的人对你有好感,这是不太可能的。

有的人为了博得他人的好感,很注意说些奉承的漂亮话。这自然不能简单地一概加以否定,但在话语中应该让人感觉到真诚和实在,才不至于让人听着虚伪,从而能够愉快地接受。否则,一味地溜须拍马,没有分寸,不问对象,专拣好听的词说,不但没有一点诚心,听起来也让人觉得酸溜溜的,这自然达不到好的效果,还会引起他人的反感和厌恶。

除了要搞好与周围人的关系外,与一些陌生人的关系也不能忽视,说不定什么时候这就会是一个机会。

人和人之间的相遇相处是一种缘分,此种缘分我们应当给予相应的重视。

对于有点进取心的人,尤其是想要创富的人,最好也要有这种意识。

但是,哪种缘分才能为自己带来意外的财运呢?没人能够回答这个问题。

印尼富豪林绍良就是一个广结人缘的人。他事业的成功,有多方面的原因,除了他个人的杰出才能外,也与他广结人缘密不可分。

他常说,一个人的财力和精力都是有限的,他成功的一个秘诀就是重视利用四方贤能。

林绍良结识的第一个重要人物是哈山汀。

哈山汀是印尼前总统苏加诺的岳父。20世纪40年代,哈山汀因直接参与反抗荷兰殖民主义者的活动而屡遭追捕,有一段时期幸得林绍良的保护才安然脱险。由于这层特殊关系,哈山汀后来便把林绍良介绍给了包括前总统苏哈托在内的印尼军方各领导。苏加诺当政期间曾大力开展国有化运动,许多私营企业都被收归国有,而林绍良属下的企止却得以幸免,这也要归功于哈山汀的大力帮助。

林绍良结识的第二个重要人物是前总统苏哈托的表弟苏迪威卡特莫诺。

苏迪威卡特莫诺在林绍良的盛情邀请下,加盟了三林集团。由于苏迪威卡特莫诺与苏哈托总统的特殊关系林绍良又找到了一条发大财的渠道。

林绍良结识的第三个重要人物是有"金融奇才"之称的华裔银行家李文正。

他们的相识是在飞机上。在短短数小时的飞行途中,他们谈论着各自的事业发展,也谈到了自己对未来的一些构想。后来在林绍良的极力游说下,李文正也决定加盟林氏集团。

除了以上这些直接参与了三林集团的人外,林绍良还和苏哈托等军政要人在几十年前就结下了深厚的友谊,而这些人又愿意为他的事业保驾护航,为他的事业发展提供了有力的保障和机会。

俗话说:"一个好汉三个帮,一个篱笆三个桩。"要想赢得好财运,必定要有好人脉。汉字中的"人",只有一撇一捺两笔,却形象地将两个独立的个体相互支撑、相互依存、相互帮助的情景勾勒了出来,完美地诠释了人的生命的意义所在。

1970年,年仅25岁的美国小伙子特普曼来到丹佛市,在第二大道租下了一套小公寓,从此开始了他的创业生涯。特普曼初来乍到,人们都不认识他,因此他必须计划好为自己的房地产事业铺平道路的每一个步骤。他要做的第一件事就是尽快加入丹佛市的"快乐俱乐部",去结识那些出入这个俱乐部的社会名流和百万富翁。对特普曼这样的无名小卒来说,要想进这样高档的俱乐部,实在很不容易。他第一次打电话给"快乐俱乐部",刚说完自己的姓名,电话就伴随着一声斥责被对方挂断了。但是特普曼仍不死心,又打了两次,结果还是遭到了对方的嘲弄和拒绝。

"这样坚持下去,将会毫无结果。"特普曼望着电话机喃喃自语。突然,他心生一计,又拿起了电话,这次他声称有东西要给俱乐部董事长。对方以为他来头不小,连忙将董事长的姓名和电话号码告诉了他。特普曼得意地笑了,他立即打电话给"快乐俱乐部"的董事长,告诉他自己想加入俱乐部的要求。董事长没说同意,也没有拒绝,而是让特普曼来陪他喝酒聊天。特普曼自然满口答应。通过这次喝酒聊天,特普曼与这位董事长建立了良好的关系。

第五章
提升自我,为优势补充潜在能量

几个月后,他如愿以偿,成为了"快乐俱乐部"中的一员,并且结识了许多富商巨贾和社会名流。1972年,丹佛市的房地产业逐渐不景气起来,大量的坏消息使这座城市的房地产开发商们严重受挫,丹佛人都在为这个城市的命运担心。然而,在特普曼看来,丹佛市的困境无疑是天赐良机,从前那些对他来说可望而不可及的好地皮,现在可以以非常低的价格任意挑选收购。就在这时,特普曼从朋友那里得到一个消息:丹佛市中央铁路公司委托维克多·米尔莉出售西岸河滨50号、40号废弃的铁路站场。

特普曼凭着自己敏锐的眼光和以往的经验判断出:房地产不景气只是暂时性的,赚大钱的好机会终于来了。

第二天一早,特普曼便打电话给米尔莉,表示愿意买下这些铁路站场,并约定在米尔莉的办公室商谈这笔买卖。风度翩翩、年轻精干的特普曼给米尔莉留下了极好的印象,他们很快便达成了协议:特普曼集团以200万美元的价格购买西岸河滨的那两块地皮。不久,丹佛市的房地产开始升温,特普曼手中的两块地皮涨到了700万美元,特普曼也由此大赚了一笔。

经过许多人的帮助以及自己的努力,特普曼终于挖到了来到丹佛市的第一桶金——500万美元。这是他闯荡丹佛的第一笔大买卖,也是他第一次独立做成的房地产生意。此后,他便开始了在美国辉煌的商业之路。

特普曼初次来到丹佛市,没有人认识他,因此他做的第一件事就是加入"快乐俱乐部",以便认识到那些日后在生意上能给他帮助的社会名流和商业大腕。在我们身边也有这样的例子,只是有时自己"看"不到罢了。《红顶商人胡雪岩》里有个外号叫"小和尚"的人说过这么一席话:"越是本事大的人,越要人照应。皇帝要太监,老爷要跟班,只有叫花子不要人照应。这个比方不太恰当,不过做生意一定要伙计。胡先生的手面你是知道的,他将来的市面要撑得奇大无比,没有人照应,赤手空拳,天大的本事也无用。"这番话说出了一个人之所以能够获得成功的最深刻的原因,即要有人帮忙,有人照应。

可以说,每一个伟大的成功者背后都有另外的成功者,没有人能够仅凭一己之力就达到事业的巅峰。假如你决心成为出类拔萃的人,就千万不能忽视人脉。永远记住,在创造财富的路上,人脉像呼吸一样必不可少!

7.肯定自我优势,突破自我设限

每一片树叶都有正反两面,平滑光洁的正面迎着太阳,吮吸阳光雨露,使树木焕发勃勃生机,欣欣向荣。人也一样,有阳面和阴面,不要总是向着阴面悲观叹息,只要转过身来,肯定自己,你就会手握阳光,迎接你的就是一个光辉灿烂的世界。

有一个小男孩,刚出生就被父母遗弃了,一直生活在孤儿院里。他非常悲观,总是无精打采地问院长:"院长,你说人活着究竟有什么意思呢?"院长总是笑而不答。

有一天,院长交给小男孩一块石头,说:"明天早上,你拿着这块石头到菜市场上去卖,但不是真卖,记住:无论别人出多少钱,你都不能卖。"

第二天,小男孩就拿着石头来到市场上,找了一个角落蹲着。过了没多久,就有不少人对他的石头感兴趣。第一个人说:"小孩,3个金币卖不卖?"

另一个人则说:"我出5个金币!"第三个人大喊:"卖给我,我愿意出10个金币!"价钱越抬越高,小男孩其实已经动心了,10个金币对他来说是多大的一笔财富啊!可是,小男孩牢牢记着院长的话,怎么也不肯卖。

回来后,小男孩兴奋地向院长报告了这天的事情,院长说:"明天你再拿到黄金市场去卖。"

第三天,在黄金市场上,有人竟然肯出比昨天高10倍的价钱来买这块石头。小男孩还是没有卖。

第四天,院长叫小男孩把石头拿到珠宝市场上去展示。结果,石头的身价又长了10倍,而且由于小男孩怎么都不肯卖,一传十,十传百,竟被传为

"稀世珍宝"。

最后,小男孩兴冲冲地捧着石头回到孤儿院,把这一切都告诉了院长。他问:"为什么会这样呢?它只是一块很普通的石头啊!"

这回院长没有笑,他望着孩子慢慢说道:"孩子,其实生命的价值就像这块石头一样,在不同的环境下就会有不同的意义。这块不起眼的石头,仅仅由于你的珍惜而提升了它的价值,竟被传为稀世珍宝。你不就像这块石头一样吗?只要你自己看重自己、珍惜自己,你的生命就是有意义的,你活着就是有价值的。"

纳粹德国某集中营的一位幸存者维克托·弗兰克尔说过:"在任何特定的环境中,人们还有一种最后的自由,那就是选择自己的态度。"

一种商品的价值是通过它的价格体现的,而人的价值却是由态度来决定的。用积极的态度肯定自己,你就会拥有积极的人生;用消极的态度否定自己,你最终只能拥有消极的人生。

当你面临巨大的苦难与挑战时,用你最好、最坚强的心态去面对吧。当你最终超越了自己,你就会深深体味到那种"闲看庭前花开花落"的宠辱不惊的悠闲,"漫随天外云卷云舒"的轻松惬意,生命就像在浩瀚无边的海洋里游弋般无拘无束……

也许你已经赢得了一定的社会认可和美满的生活,却仍然感到不满意,因为你非常需要肯定自我。无论你是否承认,你都非常渴望做一个伟大的人。美国总统亚伯拉罕·林肯意识到了这一点,他在平生第一次演讲中就对选民们说:"我没有其他的什么大野心,我只想要我的同胞真正地爱戴我。"

弗朗西斯·培根爵士也认识到了这一点,他说:"当一个人爱上了自己,这将是终身浪漫的开始。"

肯定自我的需要常常会受到自卑和自我意识的破坏,最佳的解决方法就是积极地行动起来,建立强大的自尊。在任何时候,都不要放弃自信,要勇敢地肯定自己。

大家都知道贝多芬是个世界闻名的音乐家,可是很多人都不知道,贝多芬在学拉小提琴的时候也有过失败的经历。当时,他宁可拉他自己作的曲子,也不肯做技巧上的改善,他的老师批评他说:"你以后肯定当不了作曲家。"

歌剧演员卡罗素的声音为很多人熟悉。但当初他的父母希望他能当工程师;而他的老师对他的评价则是:"他那副嗓子是不能唱歌的。"

达尔文当年决定放弃行医时,遭到了父亲的指责:"你放着正经事不干,整天只管打猎、捉狗、捉虫子。"达尔文自己也曾说过:"小时候,所有的老师和长辈都认为我资质平庸,我与聪明是沾不上边的。"

爱因斯坦直到4岁时才学会说话,7岁才会认字。老师给他的评语是:"反应迟钝,不合群,满脑袋不切实际的幻想。"为此,他有了退学的经历。

法国化学家巴斯德在读大学时表现并不突出,他的化学成绩在全班同学中排到最后。

牛顿在小学时成绩很糟糕,曾被老师和同学嘲笑为"呆子"。

《战争与和平》的作者托尔斯泰读大学时因成绩太差,而被劝退学。老师评价他说:"既没有读书的头脑,又缺乏学习的兴趣。"

试想,上述成功者如果不能坚持自己、肯定自己,那么,世界上势必会少很多璀璨的明星。所以,一定要相信自己,相信自己的能力和判断,找准自己的位置,该坚持的时候一定要坚持,也许再下一步就是一片艳阳天!有关研究结果揭示出,那些积极肯定自己、激发生命潜能的人,正是可以在人生中得到丰厚回报的人。

刘墉先生说过:"虽然不是每个人都可以成为伟人,但每个人都可以成为内心强大的人。内心的强大,能够稀释一切痛苦和哀愁;内心的强大,能够有效弥补你外在的不足;内心的强大,能够让你无所畏惧地走在大路上,感到自己的思想高过所有的建筑和山峰!"

在生活的道路上,我们总会遇到各种各样令人烦恼的事情和不计其数的对手。于是,我们开始绞尽脑汁地想着与这些对手较量。在这些较量中,有些人成了我们的朋友,有些人成了我们的"敌人"。然而,在不知不觉中,我们总会忽略那个自己最大的"敌人"和朋友——自己。

第五章
提升自我，为优势补充潜在能量

一个养鸡场主的儿子生性喜欢冒险。有一天，他爬到父亲养鸡场附近的一座山上玩，意外发现了一个鹰巢。小男孩从巢里掏了两只鹰蛋，兴冲冲地带回了养鸡场，把鹰蛋和鸡蛋混在一起，让一只母鸡来孵。小鹰和小鸡一起长大，因而不知道自己除了是小鸡外还能是什么。这两只小鹰起初很满足地过着和鸡一样的生活。

随着成长，一只鹰的羽翼渐长，它心里开始有一种独特的冲动。它不时地想："我一定不是一只鸡！"这种念头越来越强烈。

终于有一天，一只老鹰翱翔在养鸡场的上空，那只老是想入非非的小鹰感觉到自己的双翼有一股奇特的力量，感觉自己的心正猛烈地跳动着。它抬头看着老鹰，一种想法涌上心头："养鸡场不是我呆的地方，我要飞上青天，栖息在山岩之上。"

尽管它从来没有飞过，但是，在它身上有着飞翔的冲动和力量。终于，那只小鹰展开矫健的双翅，飞到了一座矮山顶上。它感受到了从未有过的兴奋，于是又飞向更高的地方，最后冲上青天，到了高山的顶峰。从此，这只小鹰离开了养鸡场，翱翔在广阔的天空中。

而另外一只鹰却认为自己只是一只鸡，注定了不能飞，所以它选择安静地待在鸡窝里和草丛中。最后，它逐步丧失了飞翔的潜力，直到有一天，随着一声惨叫，被一只鹰叼走了。

成功的人就是从鸡窝里爬出来的鹰，是发掘了自身潜能的那一部分人，成功和失败的区别就像上面故事中这两只鹰的区别。

有一个人自小就非常喜欢绘画，他常梦想自己将来会成为一名出色的画家。可是他的父母认为以绘画为生是一件很不稳定的工作，于是他们千方百计地去劝阻孩子发展绘画的潜能。

"你完全没有绘画天分。"他们对孩子所画的图画不但不欣赏，还总是批评。渐渐地，孩子开始相信自己对绘画真的没有天分，他对这个爱好也慢慢失去了兴趣。后来，他放下了画笔。过了一段时期，他发觉自己完全不懂得作画了。

孩子的父母终于达到了他们的目的。孩子长大以后，做了一名中学的数学教师，这份工作他做得也算称职，但他总是提不起劲投入进去。不到30岁，他便已意志消沉得想完全放弃工作，不过基于对父母及自己家庭的责任感，他咬着牙一直坚持着。

一次偶然的机会，有人邀请他替一本教科书画几张插图，他一拿起画笔便再也不能放下。这次，他的妻子企图劝阻他，可是他说："我的父母已经尝试过强迫我放弃自己的爱好，我错误地听从了他们，而因此浪费了我的潜能。我绝不能再重复这个错误。"

不久，他辞去了教书的工作，专职替人画各式各样的插图。他不停地画，希望不久可以举行个人画展。他说："现在我才觉得在真正地生活。"

下次，当别人说"你最在行是做……"，"这件事找到你办就确保无误"，"我早知道你对此事的反应会如此了"，"你别的可能不行，这个一定行"等话时，将这些话详细地用笔记录下来。数星期之后，系统地分析你的笔记，尝试问问自己：

我有什么特别的地方？

我有什么素质是其他人没有的？

我做什么事情时觉得最舒服？

我做什么事情做得特别好？

我有什么嗜好？

我有什么与生俱来的才能？

有什么事情我做得特别自然？

空闲的时候我会去做什么事情？

……分析完之后，你会发觉你的行为有一定的模式，原来你一直在人前显露自己某方面的兴趣及才华。这些兴趣及才华很可能是你自己以前从未意识到的。

只要敞开心扉,给自己一个无限的可能,世界就会给你一个无限的可能。不要让自己囿于自己所设的牢笼,囚禁住自己的思想,限制住自己的行动,平庸地度过一生。倾听你自己内心最真实的呼唤,卸掉阻碍,释放一个拥有无限潜能的自己吧!

8. 战胜"自我放纵"这个敌人,才会有大的发展与进步

我们每个人都有缺陷,这是一条颠扑不破的真理。但是,人之所以为人,道理并不在此,而在于懂得哪里有缺陷就要改哪里,也即懂得自我完善。

自我完善暗含着一种重要的情感:不断进取的愿望。有了愿望,要达到完善的目的,还得战胜自我——战胜追求物质生活和享乐的自我。小说、牌戏、台球和闲侃统统都得抛开,一刻有用的闲暇都不能浪费。所有追求自我完善的人都面临着"一只拦路虎",它就是自我放纵。只有战胜"自我放纵"这个敌人,你才会有大的发展与进步。

如果知道一个年轻人怎样度过他夜晚的时光,怎样打发他零碎的时间,我们就能预见他的前途。他可能惜时如金,从不浪费闲暇;也可能只是把闲暇看作消遣娱乐的"轻松时光"。

换言之,每个人利用闲暇的方式决定了他的生活态度,到底是认真地生活,还是在游戏人生。或许他从来没有意识到一个可怕的后果:随随便便地浪费掉闲暇的时间会造成品质上的逐渐退化,而且这种退化有时候并不易察觉。

年轻人经常会惊异地发现自己已落后于竞争对手,但只要反省一下,他们就会发现,他们不再进步是因为自己不再为紧跟时代步伐而苦苦努力,不再像以前那样进行广泛的阅读,不再靠自学来充实生活。

大多数年轻人都不愿意全身心地投入到工作中去,他们只想少干活而

多享乐。他们老想着休闲娱乐，不能克制自己，也不重视生活技能的训练。

许多职员羡慕他们的老板，希望自己也能从事商业经营并成为老板，但他又觉得经营企业所要做的工作实在太多了。他喜欢过悠闲的生活，他没事时总在想，为了能爬得更高点，为了多挣点钱而去努力、奋斗、学习，这样做到底值不值？

很多人都不愿意为了将来更长远的利益而牺牲掉眼前的利益。他们宁愿轻松散漫地生活，而不愿花时间不断完善自我。他们也想干出点名堂来，但是很少有人能够高瞻远瞩，为将来做好打算。他们渴望变得伟大，但他们的渴望虚无缥缈，因为他们不愿为达到目标付出代价，做出牺牲。他们本来有能力更上一层楼，但是他们缺乏足够的意志力，不想做必要的努力，他们更喜欢过轻松悠闲的生活，不愿争取更高的目标。因此，这些人的一生注定碌碌无为。

如果一个人愿意不断进取，自我完善，他肯定会找到出人头地的机会，或者"即使找不到，他也会创造出机会来"。

可令人遗憾的是，许许多多天赋很高的人忽视了完善自我的机会，以至于后来处境还不如那些智力不及他们的人。

意识到自己具有卓越的能力，却因为早年缺乏与能力相适应的智力训练而受困于一个低下的职位，这是最无可奈何的体验。个人本来有能力达到自己潜能的百分之八九十的业绩，但是由于缺乏适当的教育和训练，他连百分之二三十的潜能都没发挥出来，这也是最令人屈辱的事情。换句话说，如果仅仅因为缺乏教育而使能力大打折扣，这不得不说是件令人沮丧的事。

有一个天才的科学家，年轻时，他的志向受到了压抑，教育也被忽视了。后来，他逐渐懂得了比同时代几乎任何人都多的自然知识，但他却写不出一个语法通顺的句子，更没法使他的思想以文字的形式表达出来，让它们在书籍中流传下去，原因就是他连最基本的教育都没接受过。他的词汇贫乏得可怜，语言知识也捉襟见肘，所以他在努力寻找适当的词语表达思想时，显得非常吃力。

第五章
提升自我，为优势补充潜在能量

想想这个天才人物的痛苦吧，他意识到自己掌握了大量的科学知识，却对于表达自己的思想束手无策！

我们随处可见各行各业的职员、技工、雇员，他们难以晋升到与他们的天赋相配的位置上去，因为他们没受到足够的教育。他们不会正确地运用语言文字表达自己的优势，因此，他们的卓越才能显露不出来，以致被埋没。

自我完善的工具就掌握在自己手里，要不停地使用它们。如果斧子钝了，砍伐时就需要使更大的力气；如果机会少了，就需要花更多的精力，付出更多的艰辛。自我完善刚开始的进展可能会很慢，但持之以恒就能保证成功。

TIPS：30个自我提升技巧

你可以利用这些自我提升技巧作为提升自身作为的纲领：

（1）自律。如果你想在生活中积极向上，这是十分重要的一点。每个成功者都是高度自律的人。如果你懒惰又没有强有力的一面，你的生活将很可能在平庸中度过。

（2）设定目标。你需要在生活中设定目标以实现自我提升，否则，你便会在自己的安乐窝中停滞不前。尽管你知道改变将会让你在多方面受益，缺乏目标的你还是不愿意去改变自己的处境。

（3）积极态度。积极的态度能激发出你最好的一面。它会抵制你偶尔出现的消极的自我暗示，同时，伤感以及其他负面情绪也会在你生活中逐步消失。

（4）感恩的心。每当你经历美好的事情，就表达你的感激之情，这会为你带来更多更美好的事物。感激可以创造奇迹。你也可以开始一段感激之旅——每天花5分钟时间写下你的感激。

（5）锻炼。每天的锻炼可以缓解压力，强身壮体，也能改善自我感觉。

（6）深思熟虑。认真思考会厘清你的思路，消除负面思想并把你的幸福感提高到新的层面。这有助于改善你的生活。

(7)发挥自己的价值。当你开始想要发挥自身作用时,你会发现你在不断提升自我。如果你诚心诚意地付诸行动,人们也会好好犒赏你并衷心感谢你。

(8)把握自己的思想。如果你想掌控自己的生活,很重要的一点是掌控自己的思想。不要让大脑的思想陷入混乱之中。管理它们——去粗取精,扬长避短,这会为你的自我提升奠定坚实的基础。

(9)深化你的知识体系。坚持每天至少花30分钟(1小时更佳)学习感兴趣的学科。这将增强你的自信心,同时提高智力。

(10)有条不紊。尝试提前做日计划,你将能避免浪费时间,并把精力集中在重要的事情上。

(11)保持整洁。整洁的生活环境能使你的思路更为明朗,你会更有效率,更好地掌控自己的生活,这是最能统筹自我提升的思想之一。

(12)多与积极向上的人来往。尝试结交积极向上的人,花时间和那些让你感到被爱和尊严的朋友在一起。

(13)摆脱无趣的人。少和让你感觉糟糕的人交谈,这将降低你的生活质量。没人值得你自毁心情。

(14)改造你的安乐窝。多在生活中寻求变化,不要失去活力。不断地改造舒适区域会提升生活质量,让自己更勇敢。这一点需要强大的意志力,是自我提升中难以企及的一环。

(15)提升财富增幅。设想自己变得富有,尝试去感受变富的感觉。这会改变你的财富增幅。

(16)不要竞争。尽管许多人认为喜欢竞争是件好事,但这可说不准。你应该为他人创造财富而非抢夺他们。通过创造,你可以逃出竞争的恶性循环。这不仅能使你备感轻松,还能赢得别人对你的创造的赞赏。

(17)为他人高兴。当别人获得成功时,为他们喝彩。这会让人备感良好,他人也会因此感谢你。

(18)欲取先予。如果你想收获,首先要去付出。大自然也是如此运作的。打个比方,你想成为某个领域的专家,你就需要花费时间去获取。自我提升的方法来源于自然法则。

(19)少看电视。少看电视会让你开始学会思考,摆脱恐惧。

(20)善待自己。好好照顾自己,这也会大大改善你的心情。"好好照顾"意味着你要穿戴整体大方,注意滋养你的皮肤,有足够的时间休养等。

(21)旅行。现在去各国游历已经简单许多,好好利用这一便利,开始你的旅途,你会遇到有趣的人,看到不同的地方,感受自由与独立(特别是当你单独出游时)。

(22)善始善终。完成一件事情可以提升你的自信心,自我激励。很多人没能做到这点,同样,他们也没能取得优秀的成果。

(23)克服恐惧。恐惧是唯一能阻挡你前进的东西。想要克服恐惧,你先要感受恐惧。只有如此,方能克服它。最终,你会更自信,更能因时而变。你会常常回首过去,对过去害怕的事物一笑而过。

(24)改变一个习惯。至少彻底改变一个习惯。举个例子,如果你每天起床都很晚,那就设闹钟,让自己起早一些。这并不简单,但如果你能坚持30天,这项新任务将成为你的习惯。

(25)投入多一倍的时间去从事爱好。尽可能多地抽时间去做你喜爱的事情。这也将不断地改善你的身心健康,兴许你还能依靠你的爱好赚钱呢。

(26)多微笑。你会感觉更好,美好的事情也会不断找上门来。简简单单的一个微笑,会给生活带来很大的改观。你所需要的,仅仅是从现在开始去做。

(27)倾听你喜爱的音乐。这会让你更开心,更能激发你的灵感。灵感对创意可是必不可少的。

(28)阅读自我提升的书籍。提前为你下一步的提升做好准备。

(29)摆脱无用之事。把家中没用的东西全部清掉。这样做可以给好的东西预留空间,同样也能改善心情,你会感觉更安宁,更有创造力。

(30)补充足够的水分。保持肌肤的柔滑,排除体内的毒素,使自己更加健康。这对心理健康也同样有帮助。

第六章

制定目标，为优势指明方向

对于一个人来说，他目前拥有多少并不重要，重要的是，他打算获得多少。我们在世界上的价值相当于我们为自己预定的价值。一个心中有目标的人，有可能成为创造历史的人物；一个心中没有目标的人，永远都只能是一个平凡人。

1.给你的优势制定目标

人的一生，目标对于自我的定位，就像空气对生命一样重要。目标不但是你追求理想的最终结果，而且它在你整个的人生旅途中都有着非常重要的作用。

1953年，美国耶鲁大学对毕业的学生进行了调查，主要是对有关人生目标的调查。研究人员向参与调查的学生们问了这样一个问题："你们有人生目标吗？"对这个问题的回答，只有10%的学生确认他们有明确的目标。

接着，研究人员又对这些学生问了第二个问题："如果你们有目标，那么，你们是否把自己的目标写下来了呢？"这次，只有3%的学生给出了肯定的答案。

20年以后，耶鲁大学的研究人员在世界各地追访当年参与调查的学生。他们发现，当年白纸黑字把自己的人生目标写下来的那些毕业生，无论从生活水平还是从事业发展来看，都远远超过那些没有这样做的同龄人。余下的97%的人的财富总和竟然还没有这3%的人多。

由此可知，给自己制定一个适合自己的目标，选择适合自己的目标努力奋斗是非常重要的。

我们给自己定的目标不一定要是最好的，但一定要选择最合适的，否则，你将永远挣扎于不满意的情绪之中。

务实的人都会为自己树立一个能够实现的目标。因为他们懂得，如果把目标定得过高，不但会使自己无法脚踏实地地做事，而且也发挥不出目标的激励作用。因为当人们付出了努力，却仍旧无法实现目标时，人们就会容易产生挫折感，容易灰心和懈怠。

　　小张自从上班的那天起,就为自己确定了奋斗目标:先做一名比尔·盖茨式的企业家,然后再从政,成为一名政治家。为了实现自己的人生抱负,小张只喜欢接手一些有难度、有挑战性的工作,而不屑于干一般的事务。但以他的现有能力又做不好这些,最后不到半年就被老板解雇了。

　　与小张不同,小李进入公司的第一天,就为自己定下了一个目标:用两年的时间当上部门经理。从那天起,"部门经理"就像一面旗帜,时刻激励着他。他每一天都按部门经理的身份来要求自己。目标真是一个奇妙的东西,它使小李每天都被工作的激情驱使着。虽然这样工作起来有些累,但劳累过后,再回头看看自己的业绩,再苦再累也是值得的。

　　结果,小李只用一年的时间,就被提拔到了主管的岗位。从此以后,他更加努力地工作。他的工作能力和工作业绩得到了公司总裁的肯定,在当上主管后不到半年,他就被提升为部门经理,成为公司里最年轻、晋升最快的部门经理。

　　分析一下小张失败的原因:小张因为好高骛远,在确立目标的时候,没有认真分析自身素质和所处的环境,制定了一个不切合自身实际的目标。而小李又为什么能从普通职员迅速升为主管,而后又任部门经理呢?他除了有一个随时鞭策自己的目标外,还有一个最重要的原因:他为自己设定的目标是可以实现的,是符合实际的。

　　现实生活中,如果我们不了解自己,目标制定得越大,挫折感也就越大。也许你该放弃那些大而美丽的目标,选择一个你力所能及的目标。与其期望着遥不可及的事物,不如把宏大的计划分成几段,从容易的着手,为达到自己的目标而一步一步地努力着。

　　为自己确定目标,既要有一定高度,也要有可行性。总之,一定要适合自己。目标短小,往往会被眼前的利益所左右,迈不开前进的步子;目标过于远大,又容易心情浮躁,常常会被轻微的挫折所打击,极有可能导致失败。为一个不可能达到的目标而花费精力,等于是在浪费生命。

曾有位诗人写过这样一段文字：

小时候，我想改变宇宙，但不行；

上小学时，我想改变世界，也不行；

大学的时候，我想改变国家，还是不行；

有了工作，我想改变自己的城市，依然不行；

老了，我试图改变自己的家人，但他们都不听……

初看这段文字，大家都觉得好笑，但笑过后，得好好考虑其中包含的一些哲理：给自己制定目标要切合自身实际，在自己的能力范围之内。其实，如果在小的时候改变一下自己的思路，那么将来说不定就可以改变家人、改变城市、改变国家，甚至改变世界。这段文字告诉我们，目标不要制定得太大，如果目标太大，到头来可能是一事无成，两手空空，而且还浪费时间。

目标不能太远大，也不能过小。过大的目标是一种狂妄；而过小的目标则是不相信自己的表现，是妄自菲薄。如果目标太小，那我们制定这个目标还有什么意义呢？只能在自己的"成就感"中使自己的能力一点点减退，长此下去，我们将满足于现状，停滞不前。所以，制定目标之前，首先要了解自己，合理而准确地给自己定位。

2.不做井底之蛙，追求长远目标

井底之蛙，只能看到井口一样大的一片天，所以它的目光很短浅。把自己画在一个小小的圈内，寻着陈规陋习，不敢越雷池一步，长此以往，也别想有任何跨越。按部就班、画地为牢造就了芸芸众生习以为常的简陋的生活工作规律，养成了目光短浅、自以为是的禀性。表现在工作中，就是没有创意，缺乏活力；表现在生活中，就是对什么都不感兴趣，为人处世爱钻牛角尖。我们要制定一个长远的目标，让自己摆脱这种陋习。

一个出色的企业或组织都有10~15年的长期目标。经理人员时常反问自己："我们希望公司在10年后是什么样呢？"然后根据这个来规划应有的各项努力。新的工厂并不是为了适应今天的需求，而是为了满足5年、10年以后的需求。各研究部门也是针对10年或10年以后的产品进行研究的。

如果你希望10年以后变成什么样，现在就必须变成什么样，这是一种很严肃的想法。因为没有了长远目标，我们根本无法成长。

1970年，美国哈佛大学对当年毕业的天之骄子们进行了一次关于人生目标的调查：其中，没有目标的人占27%；目标模糊的占60%；有清晰但比较短期的目标的占10%；有清晰而长远目标的只占到3%。

1995年，也就是在25年后，哈佛大学再次对这一批1970年毕业的学生进行了跟踪调查，结果是这样的：只占3%的人，25年间，他们朝着一个既定的方向不懈努力，现在几乎都已成为社会各界的成功人士，其中不乏行业领袖、社会精英；10%的人，他们的短期目标不断实现，成为各个行业、领域中的专业人士，大都生活在社会的中上层；60%的人，他们安稳地生活与工作，但没什么特别突出的成绩，几乎都生活在社会的中下层；剩下27%的人，他们的生活没有目标，过得很不如意，并且常常在抱怨他人，抱怨社会，抱怨这个"不肯给他们机会"的世界。

其实，他们之间的差别仅仅在于：25年前，他们中的一些人知道自己的人生目标，而另一些人不清楚或不是很清楚自己的人生目标。

只有胸怀大志的人，才特别追求自我价值的实现。自我实现的需要是指个体充分发挥自己的潜能，实现自己的人生价值，并造福于人类社会的需要。

俗话说："志不立，天下无可成之事。"无论古代还是现代，不论中国的成功者还是外国的知名人物，他们在各行各业都有出色的成就。但是无论在哪一行工作，他们都有一个共同的特点，就是具有远大的志向。也有人曾经说过，世界上一切伟人与凡夫俗子最大的区别就是前者懂得事先设计自

第六章
制定目标,为优势指明方向

己的一生,后者则不懂得或不愿设计自己的人生。"有志之人立长志,志存高远,胸怀大志。"要知道,志向和目标是人生的罗盘。一个人立足于天地尘埃之间,有两门必修课,也是必须修好的课,即做人和做事。所以,你要立志做仁人,成大事。虽然听起来有些虚无,但它离我们并不遥远,只要努力了、付出了,就会实现。要想拥有一个美好的未来,就要好好设计自己的人生,这样才能保证自己不会在这个物欲横流极其繁复的世界里迷失自我。

人的一生中应该有至少一个长远目标, 例如做一个举世瞩目的伟人、做一个医术高明的医生等,但是你不可能一定下这个长远目标就马上能够实现它,所以,你需要定下许多的短期目标,将这个长远目标分成数个小段来执行,就像垒金字塔。当然,鱼是不能将它的长远目标定在沙漠中的,所以你的长远目标要现实。

一个人没有长远的目标和打算, 就必然要为眼前的事情所忧虑和烦恼。树立远大目标,是我们摆脱忧虑的良方。

拿破仑·希尔说:"每个人的生活中都应该有一个明确的、长远的目标,有了核心的目标,人生才会有动力和积极的期待:我们选定什么样的目标,就会有什么样的人生。"世界上所有成就最伟大事业的人,对目标都有一种执着的追求——当别人闲散的时候,他们在工作;当别人在绝望中放弃的时候,他们仍在坚忍不拔地努力,直到最后成功。

正确思考往往蕴涵于取舍之间,因为不这样做,就那样做,是由一个人的思考力决定的。不少人看似素质很高,但他们却常因为难以舍弃眼前的蝇头小利,而忽视更长远的目标。成大事者有时仅仅是因为抓住了一两次别人忽视了的机遇,而机遇的获取,关键在于你是否能够在人生道路上进行果断的取舍。

有远见的人追求的是长远的目标,一个目标实现了,他又会设定新的奋斗目标,不断地追求新的目标,为之努力奋斗,永不停滞,永不满足。

3.明确人生的目标,上帝会给你力量

有奋斗目标和没有奋斗目标的人生活是不一样的。有句话说得很好:"没有方向,什么风都不是顺风。"一个人如果没有自己的理想和奋斗目标,那他的人生就会是低迷的、消沉的,他会觉得活着没有意义;而如果一个人有自己的理想和奋斗目标,他会整天精力很旺盛地为自己的理想和目标而奋斗,他会觉得活着真好。

种子,它有自己的奋斗目标,被埋在地下,它知道竭尽全力往上突破;

农夫,他有自己的奋斗目标,春天的辛勤耕耘,为的是秋天那希冀的收获;

园丁,他有自己的奋斗目标,是播下智慧的种子、希望的种子,引领学子开启未知的大门,洞开科学的迷窗;

……

人生是漫长的,要知道自己身处何处,那需要我们树立崇高的理想和奋斗目标,执着的信念去奋斗、去追寻、去拼搏。

有一天,父亲带3个儿子到草原上猎杀野兔。到达目的地,一切准备得当,开始行动之前,父亲向3个儿子提出了一个问题:"你看到了什么?"

老大回答到:"我看到了我们手里的猎枪、在草原上奔跑的野兔,还有一望无际的草原。"

父亲摇摇头说:"不对。"

老二的回答是:"我看到了爸爸、大哥、弟弟、猎枪、野兔,还有茫茫无际的草原。"

父亲又摇摇头说:"不对。"

而老三的回答只有一句话:"我只看到了野兔。"

这时父亲才欣慰地说："你答对了。"

有了明确的目标，才能为行动指出正确的方向，才能使你在实现目标的道路上少走弯路。事实上，漫无目标或目标过多，都会阻碍我们前进。要实现自己的心中所想，如果不切实际，最终可能是一事无成。

有了目标，内心的力量才能找回方向，盲无目标地飘荡终归会迷路，而你心中那一座无价的金矿，也会因此而与平凡的尘土无异。

有了明确的目标，会使我们产生积极性。你给自己定下目标后，它就是努力的依据，也是对你的鞭策。随着你不断实现自己的目标，你会有成就感，在努力的过程中，你的思想方式和工作方式也会渐渐改变。

所有伟大的或成功的人物，都是以一项具体而明确的目标作为奋斗基础的。

海伦·海勒一生专注于学习写作，尽管她从小就又聋又哑又盲，但她最终还是成为世界著名的作家之一；惠特曼一生致力于写一本叫《草叶集》的书，结果成了美洲最伟大的诗人；乔治·派克一生致力于生产世界上最好的钢笔，他的产品行销全球，即使在今天，派克牌钢笔依然是世界上最著名的钢笔；亨利·福特一生致力于生产廉价小轿车，虽然他只受过4年小学教育，而且白手起家，但他的努力使他成为那个时代最富有的人；比尔·盖茨要让所有的人都用上电脑，他靠一个小小的"视窗"就征服了全世界……

这就是生活中的一项真理，只有那些有具体而明确目标的人，才能时时受人尊敬和瞩目，成就伟大的事业。

曾经有一个年轻人保罗，由于职业发生了问题，而跑来找拿破仑·希尔求助。保罗举止大方，大学毕业已有5年。他们先谈了年轻人目前的工作、受过的教育背景和对事情的态度，然后，拿破仑·希尔对保罗说："你找我帮你换工作，你喜欢哪一种工作呢？"保罗很无奈地说："这就是我找你的目的。我真的不知道想要做什么。"

拿破仑·希尔替他接洽了几个老板面谈，但都没有什么帮助，因为误打误撞的求职法并不是很好。他至少有几十种职业可以做，但是做合适自己的工作的机会并不大。拿破仑·希尔希望他明白，找到适合自己的工作以前，一定要先深入了解那一行才行。所以，拿破仑·希尔说："让我们从这个角度来看看你的计划，10年以后，你希望怎样呢？"

保罗沉思了一下说："我希望我的工作和别人一样，既轻松，又能拿到很丰厚的工薪，并且买一栋好房子，还要有一辆好车。当然，我还没深入考虑过这个问题。"

拿破仑·希尔对保罗说："你现在的情形仿佛跑到航空公司里说'给我一张机票'一样，除非你说出你的目的地，否则人家无法卖给你。"又对他说："除非我知道你的目标，否则无法帮你找工作。只有你自己才知道你的目的地。"这使保罗不得不仔细考虑。接着，他们又讨论各种职业目标，谈了两小时。拿破仑·希尔相信他已经学到了最重要的一课：出发以前要有明确的目标。

许多人埋头苦干，却不知道为什么要这样做，盲目地去做，到头来发现追求成功的阶梯搭错了边，却为时已晚。因此，我们务必要掌握真正的目标，并拟定实现目标的过程，澄明思虑，凝聚继续向前的力量。

你是否有一个明确目标或目的？你必须有一个，因为你难以达到你并未曾有的目标，正像要你从一个从未到过的地方回来一样。

除非你有确实、固定、清楚的目标，否则你就不会察觉到内在最大的潜能，你永远只是"徘徊的普通人"中的一个，尽管你可以是个"有意义的特殊人物"。

一个人的目标不明确，就像一艘没有方向的船，永远漂流不定，只能到达失望、失败和丧气的海滩。

前美国财务顾问协会的总裁刘易斯·沃克曾接受一位记者访问有关稳健投资计划的基础。他们聊了一会儿后，记者问道："到底是什么因素阻碍了你的成功？"沃克回答："模糊不清的目标。"记者还是不怎么明白，就请沃克进一步解释。他说："我在几分钟前就问你'你的目标是什么'，你说希望有一天可以拥有一栋山上的小屋，这就是一个模糊不清的目标，问题就在'有一天'不够明确，因为不够明确，成功的机会也就不大。如果你真的希望在山上买一间小屋，你必须先找出那座山，找出你想要的小屋现值，然后考虑通货膨胀，算出5年后这栋房子值多少钱；接着，你必须决定，为了达到这个目标每个月要存多少钱。如果你真的这么做，不久的将来，你可能就会拥有一栋山上的小屋；但如果你只是说说，梦想就可能不会实现。梦想是愉快的，但没有配合实际行动计划的模糊梦想，则只是妄想而已。"

你做任何事都有你的理由吗？在你的一生中，你有过"明确的目标"吗？你的目标是具体、远大的，还是长期、短期的？拿破仑·希尔告诉我们：目标必须是长期的、特定的、具体化的、远大的。

有一位妻子叫他的丈夫帮他到商店买火腿。他买回来后，妻子就问他为什么不叫肉贩把火腿末端切下来。丈夫反问她："为什么要把末端切下来？"她说："母亲就是这么做的。"这就是理由。这时，岳母正好来访，他们就问老人："为什么总是切下火腿的末端？"母亲回答说："我的母亲也是这样做的。"然后，母亲、女儿和女婿就决定拜访外祖母，来解决这个三代的神秘之谜，外祖母很快地回答说："我切下末端是因为当时的红烧烤炉太小，无法烤熟整只火腿。"由此，我们可以看到，什么事都要有个充分的理由，那你的理由是什么呢？

俗话说："心中没有大目标，一根灯草压弯腰；心中有了大目标，泰山压顶不弯腰。"可见，明确的目标有着巨大的鼓舞作用。

4.化整为零,将大目标分解为小目标

查理·库冷先生曾以一种有意义的方式来表现他的创意。他说:"成为伟大的机会并不像急流般的尼亚加拉瀑布那样倾泻而下,而是缓慢的一点一滴。"目标也是这样。当你有一个大目标时,一下子实现并不是那么容易,所以你要化整为零,将大目标分解为小目标。把一个个小目标实现了,离大目标也就不远了。

制定了目标,是不是就一定万事大吉了呢?俄国著名作家列夫·托尔斯泰曾给自己确定了一个生活的准则,他强调"人活着要有生活的目标:一辈子的目标,一段时间的目标,一个阶段的目标,一年的目标,一个月的目标,一个星期的目标,一天、一小时、一分钟的目标"。有了目标,我们还要为实现目标做计划。也就是说,把大目标分解为一个个具体可行的小目标,每天都努力地向目标靠近,哪怕每天只能靠近一点点,千万不要将自己的目标束之高阁。比如,一个人的人生目标是做一位知名的骨科医生,为所有骨科患者服务。现在看来,这个目标或许太大,无法实际操作,还要进一步分解。他的目标可以这样分解:高中每学年的目标,初中每学年的目标,每学期的目标,每个月的目标,每天的目标。将大目标变成每天都可以操作实践的小目标,这样就可以使人坚持不懈地督促自己。

当然,不同的目标有不同的分解方法。之所以这样做,是为了保证目标的连续性和可操作性。只有每个小目标都实现了,大目标才有可能变为现实。千万要记住,不要"好高骛远",在制定目标时一定要切合自己的实际情况。如果你好高骛远,所制定的目标无法实现,那就毫无价值了。

1984年,在东京国际马拉松邀请赛中,名不见经传的日本选手山田本一出人意料地夺得了世界冠军。当有人问他凭什么取得如此惊人的成绩时，他说了这么一句话：凭智慧战胜对手。

当时，许多人都认为这个偶然跑到前面的矮个子选手是在故弄玄虚。因为马拉松赛是考验体力和耐力的运动，只要身体素质好又有耐性，就有望夺冠，爆发力和速度都还在其次，说用智慧取胜确实有点让人怀疑。

两年后，意大利国际马拉松邀请赛在意大利北部城市米兰举行，山田本一代表日本参加比赛。这一次，他又获得了世界冠军。有人又问他有什么秘诀。

山田本一性情木讷，不善言谈，回答的仍是上次那句话：用智慧战胜对手。然而，在10年后，这个谜底终于被解开了。在他的自传中，他这样写道："每次比赛之前，我都要乘车把比赛的线路仔细地看一遍，并把沿途比较醒目的标志画下来。比如，第一个标志是银行，第二个标志是一棵大树，第三个标志是一座红房子……这样一直画到赛程的终点。比赛开始后，我就以百米的速度奋力地向第一个目标冲去；等到达第一个目标后，我又以同样的速度向第二个目标冲去。40多公里的赛程，就被我分解成了这么几个小目标轻松地跑完了。起初，我并不懂这样的道理，我把我的目标定在40多公里外终点线的那面旗帜上，结果我跑到十几公里时就已疲惫不堪，我被前面那段遥远的路程给吓倒了。"

可见，他用的是分解目标这一智慧，这的确是一个很不错的方法。

一只新组装好的小钟放在两只旧钟当中。两只旧钟"滴答、滴答"地走着，其中一只旧钟对小钟说："来吧，你也该工作了，可是我有点担心，你走完3300万次后，恐怕会吃不消。""天哪，3300万次。"小钟吃惊不已，"要我做这么大的事？办不到，办不到。"它非常失望地站着。另一只旧钟见了，说："别听他胡说八道，不用害怕，你只要每秒钟'滴答'摆一下就行了。""天下哪有这样简单的事？"小钟高兴地叫了起来，"这样就容易多了，好，我现在就开始。"小钟很轻松地每秒钟"滴答"摆一下，不知不觉中，一年过去了，它摆了3300万次。

在一个大目标面前，或许我们觉得我们根本无法实现它，常常会因为目标的遥远和艰辛而感到气馁、怯伤，甚至怀疑自己的能力；而在一个小目标面前，我们却能充满信心地完成。有些急功近利的人，一开始就给自己定下大目标，天长日久，当他发现目标离自己仍很远时，就会因为自卑而放弃。其实，我们可以把每个大目标分成无数个小目标，只要你认认真真做好每一件事，实现一个个小目标，大目标也就离你不远了。

在人生的道路上，每一个人最初都有远大的目标，可是，最终实现的人又有多少？半途而废丧失信心的人又有多少？

把大的目标分解，经常检查自己实现目标的状况，体验实现目标的快乐，用这样的方法，即使是遥远的马拉松，也可以跑得很轻松。火箭是那么笨重而又庞大的一个物体，它飞向月球需要一定的速度和质量。科学家们经过精密的计算得出结论：火箭的自重至少要达到100万吨。怎么才能让如此笨重的庞然大物飞上天空呢？所以，在很长一段时间里，科学界都一致认为：火箭根本不可能被送上月球。难道真的没有办法让火箭飞向月球吗？就在这时，有人提出了"分级火箭"的思想，科学家们才豁然开朗起来。将火箭分成若干级，当第一级将其他级送出大气层时便自行脱落以减轻重量，这样火箭的其他部分就能轻松地前往月球了。

如同分级火箭一样，学会把目标分解开来，化整为零，变成一个个容易实现的小目标，然后将其各个击破，不失为一个实现终极目标的有效方法。不能一飞冲天，就循序渐进。很多时候，我们之所以感到困难不可逾越，成功无法企及，正是因为觉得目标离自己太过遥远而产生畏惧感。

一个热气球探险专家计划从伦敦飞往巴黎。他对自己此次航空计划做了以下的分解：第一，希望自己能顺利地抵达巴黎；第二，能在法国着陆就很不错了；第三，其实只要不掉到英吉利海峡里，就心满意足了。

把目标分解之后，还要拥有锲而不舍的精神。南非女作家戈迪默，15岁就发表了自己的第一部小说，轰动文坛。后来，她又相继写出了10部长篇小说和200篇短篇小说，曾几次被提名为诺贝尔文学奖的候选人，但是都在最后的关头被淘汰了。戈迪默毫不气馁地说："我要用心浸泡笔端，讴歌黑人的生活。"并在自己新著的扉页上写下了"内丁·戈迪默，诺贝尔文学奖"，在后面又打上了一个括号,括号内写着"失败"。她不懈地努力着,终于在1991年获得了诺贝尔文学奖。

清楚表述未来之梦及人生目标之后(这会帮助你把握方向),你就可以着手制定长期和短期的目标了。目标不单可以用业绩表示,也可以用时间表示。目标可以涉及人生的各个领域,视你想取得什么成就而定。积土成山,积沙成塔,积水成渊,积小胜为大胜,积小目标为大目标,这样一点一滴地去积垒成功,才能赢得更大的成功。

5.目标专一,优势威力才能最大化

滴水之所以能够穿石,原因有二:一是在于它们目标专一,每一滴水都朝着同一方向,落在一个定点上;二是在于它们持之以恒,在漫长的岁月中,它们从未间断过这种努力。由此及彼,我们可以想到,古今中外有成就的学者,在它们身上,都体现了"专""恒"二字。

某杂志上有这样一幅漫画:一个年轻人挖井找水,挖了三四个深浅不一的坑都没有出水,正准备挖新的"井"。画面下部的文字反映了他的心思:这下面没有水,再换个地方挖,还是没有水。而事实并非如此,如果他把"井"再深挖一些,就能找到丰富的水源。

这幅画使人深思:青年找不到水,是因为他的目标不专一,不肯在一个地方持之以恒地挖下去,结果白费了气力。它告诉我们一个哲理:要想找到成功之源,除了肯花力气外,还要目标专一、持之以恒、坚持不懈,浅尝辄止者是不会成功的。

古代思想家荀况说过:"锲而舍之,朽木不折;锲而不舍,金石可镂。"清代学者王国维认为学习有三个境界:其一为志存高远,"昨夜西风凋碧树,独上高楼,望断天涯路";其二为持之以恒,"衣带渐宽终不悔,为伊消得人憔悴";其三为成功境界,"蓦然回首,那人却在灯火阑珊处"。这些话都说明了目标专一和持之以恒是成功的必由之路。

大科学家欧立希立志制出一种药剂,经过长期不懈的努力,在失败了几百次之后,终于成功研制出了可治疗梅毒的药剂"606";我国数学家陈景润在少年时就立志摘下数学王国的宝石——哥德巴赫猜想,他勤奋钻研,光用掉的草稿纸就有几麻袋,艰难困苦,玉汝于成,终于获得了重大成果。这样的例子真是俯拾皆是、举不胜举。

如果在学习或工作上浅尝辄止,没有固定目标,那只能浪费时间,白花气力,到头来"空悲切"一场。记得有个相声曾讽刺这种人,他们这山望着那山高,今天想当画家,明天想当音乐家,后天又想当军事家,最后只能当待在家里空发议论的"坐家"。那漫画上找水的年轻人,只要他回到原地继续挖完那些未完成的井,或者到新地方后持之以恒地挖下去,他就一定能找到水源。而在学习上、工作中,不管你是否犯过浅尝辄止的错误,只要你现在安下心来,认定一个正确的目标,专一而不懈地努力,你就一定会获得成功。科学路上无捷径,专一不懈见成功。

法国蒙田有句名言:灵魂如果没有确定的目标,就会丧失自己,因为俗话说得好,无所不在等于无所在。

有一位农夫准备上山砍柴。在出门前,他忽然发现脚上的草鞋很陈旧,需要重做新的,于是就匆匆忙忙地搓绳打草鞋,终于把草鞋编好了。之后,他又去检查斧锯,发现斧子太钝,锯子也生锈了,于是他决定去订购新的斧子和锯子,后来又嫌新斧子的材质不好,又重换了一把。终于等到他万事俱备准备出发时,大雪已经封山了。对于没有上成山,农夫没有抱怨自己的事太多,而是抱怨他的运气不够好。

其实这个农夫没有上山砍成柴,不在于客观原因,而是主观因素,是他自己在确立目标时思考的方法不当。他原定的目标是在大雪封山之前完成砍柴的任务,鞋子的新与旧并不重要,斧子太钝、锯子已锈可以立即动手磨快，并不需要订购新的。

农夫对目标的思考和决定偏离了重点，才导致了砍柴计划的落空。人生目标的追求与实现也是同样的道理。要做到防止偏离目标，首先在思路上要分清轻与重、缓与急，如果随意地胡乱瞎抓一气，结果只能是"事倍功半"，甚至是"劳而无功"。其次，在决策上要抓住目标的根本去实施和完成，不能不分主次，甚至把力气都使用到次要方面，造成一事无成的局面。

中国历史上的治水英雄——大禹，他的成功正是对目标专注的最好的诠释。大禹三过家门而不入，历经13年身体劳苦和忧心积虑，终于成为中国历史上的治水英雄，流传至今。

为了让我们做到目标专一，许多伟人都为我们做了榜样。如美国著名作家海明威，他的作品以其自然、清新和精练而享誉世界，"电报式"是他那极为简洁的对话的美称。

他在多年的创作生涯中，艰苦地摸索，形成了自己独特韵文风。后来，他的《老人与海》被授予了诺贝尔文学奖。在他获得如此高的殊荣之后，他仍然一如既往，辛勤笔耕，且从不自满。他不止一次地说道："我要学习写作，当个学徒，一直到死。"

想要培养以上所说的品质，也不是三两天能培养成的，它需要我们长期努力。老子《道德经》的生命力就在于它揭示出了深刻的辩证法思想，他的"合抱之木，生于毫末；九层之台，起于累土；千里之行，始于足下"的辩证思维，至今对于我们仍有着启迪的作用。他告诉我们：任何事情都是从微小处萌芽，都是从头开始的，只有知难而进，不断地努力才能获得成功。

远大的理想和脚踏实地永远是不可分的，在梦想成真的道路上，既没有捷径，也没有"宝葫芦"，只有目标专一，脚踏实地，才能达到光辉的顶点。让我们挂起理想的风帆，朝着目标脚踏实地，坚持不懈地前进吧！

6.制定后续目标,挖掘优势潜力

生命的根本目的就是达成一连串目标。没有目标的生命,就像没有舵手的船,这艘船永远只能在大海中漂泊,永不会到达彼岸。当你完成一个目标,别忘了再制定一个新的目标,把你的优势和潜力完全挖掘出来。

当一个人实现了所期望的目标后,若要继续维持先前的热情和冲劲,就得立即再制定一个足以让他动心的目标,如此才能将他先前实现目标的兴奋心情不落痕迹地投注到新目标上,让他能够继续成长下去。若无成长的动机,人生就会停滞,人的老化不是始于肉体,而是始于精神!人刚生下来时就像一张白纸,你的经历会给这张纸着色,至于色彩的绚丽程度,是和你个人的努力分不开的。也许,无聊时你会思考你的过去和将来。但是为什么要在无聊时呢?人要活的精彩,就应该不断地制定目标,不断地击破目标。

当然,在制定目标、实现目标的同时,也不要忘了修正自己的目标。就像航船,它总有偏离航道的时候,这就要求我们要不断地进行调整。唯有不断地反省自己,才能让理想变成现实,达到成功的彼岸。

如果你满意现在的状况,你便不会想改进现状,也就不会产生理想。但是,如果你以为有了理想便能满足,把理想当作实际生活中的一种安慰,那你就错了。理想的用处,就是因其能以现在的事实,衬托出其将来的可能性。

如果你满足于这种理想上的成就,那会成为你进步的障碍。伟大的理想,必须同时有一种想改革现状的动力相伴随。

理想可以说是一种精神上的刺激,因为它可以把你的现在和将来加以区别地摆在眼前。理想之于人,就像一个挑战,催促人们改进现有的状况。

聪明的人,会在最初划出一个明确的路线来,然后沿着路线从他现在的所处之地到达他心中想得到的地位。他会在中途树立许多小目标，而对最近的目标，他会积极而又努力地付出行动去实现它。当达到这第一个目标时，他会感到很高兴，然后休息片刻，打起劲来，再树立第二个目标，前进，然后是第三个……

人生就如爬山一样，你首先必须有一种达到山顶的强烈欲望。如果只望着山顶，盲目地往上爬，不管前面的道路是多么的平坦，他也不会到达山顶，所以必须留心当前的脚步。如何越过石头，如何跳过溪流，如何绕过山脚，如何免得滑下。

很多人不断地制定目标，却很难坚持下去，这是为什么呢？最重要的原因是他们制定的目标是不正确的，那些目标根本不符合他们的价值观。我们知道，目标是工具，而价值观是目的。当工具与目的发生冲突时，当然很难坚持下去。所以，如果你想制定正确的目标，就必须要先明确自己的价值观，这是前提，否则将不可避免地造成时间的巨大浪费。

不断地制定目标，不断地反省自己，为的是看到自己的存在，感知自己的价值。实现了自己的想法和目标，还要再制定下一个目标，这样人生才有意义，才能有所成就。

7.量体裁衣设目标

一个人要成功，首先要找到一片属于自己的绿洲，也就是寻找一个突破口。而一个良好的突破口必须与自身条件及周围的环境紧密结合。

被誉为"中国的保尔"的张海迪，1955年9月生于山东济南，1960年在幼儿园的一次文艺表演中，张海迪突然跌倒，经医生反复检查后，诊断为脊髓血管瘤，10岁前动过3次大手术，摘除了6块椎板，严重高位截瘫，自第二胸椎以下全部失去知觉。1970年,她随父母下放至农村。由于当地农村缺医少药,农民常受病痛的折磨,为了缓解百姓的痛苦,张海迪自学了针灸,为那里的村民治病。

身残志不残,张海迪用自己的针灸治好了很多病人。她还在家乡开了个诊所,"张氏医寓"的开业,使莘县城关镇卫生院发现张海迪是个不可多得的人才。于是,卫生院将她聘为临时工,并且单独为她设了一个科室——针灸科。有了初步的落脚点之后,张海迪觉得在事业上有所突破,在人生的道路上更进了一步,但还需发展、挖掘自己的优势。她认为对于所学的东西都不能浅尝辄止,一定要找到实现目标的最佳突破口,把追求的目标建立在与自己的条件、才能相当的基础上。

身为残疾人,自己有没有优势?自己最大的优势是什么?对于这个问题,她苦苦地思索。后来,她认定自己的优势是记忆力强,多少东西一旦印入自己脑海就会经久不忘。"对!就学外语,学习了外语,通过对世界的了解扩大我对生活的感受,将来我还可以搞翻译,提高自己的文学水平,这样一举两得,何乐而不为?"张海迪对自己有兴趣的学问进行了一番尝试和筛选,终于找到了自己的最佳突破口。

要学英语,就得有英语教材,可"文革"时,英语课本被革的所剩无几了。于是,张海迪就把"文革"前的旧英语课本整章整本地抄下来。她煞费苦心,自己"编"了一本奇特的英语教科书:一个厚厚的大本子,里面贴满了她平时搜集的印有英文说明的糖纸、药品说明书、袜子标签、烟食、食品包装等。她说,读这样的"书",学得快、记得牢。她逢人就问,慢慢地把一些字母串起来。

除了英语,她还自学了日语、德语等各国语言,翻译了近20万字的外文著作和资料。

张海迪已出版翻译《海边诊所》、《丽贝在新学校》、《小米勒旅行记》等作品,著有散文集《鸿雁快快飞》、《向天空敞开的窗口》等,长篇小说《轮椅上的梦》已在日本、韩国出版。1992年获中国作家协会庄重文学奖,1994年获全国奋发文明进步图书奖长篇小说一等奖。1993年,张海迪获吉林大学哲学硕士学位。

每一个人都有各自的优势,我们要通过全面、细致的分析把它挖掘出来,在确定突破口的时候更应该充分地利用这种优势。张海迪没有选择运动员、舞蹈家作为人生目标,因为这些需要健全的体魄;她也没有把美术、绘画作为理想追求,因为这些又需要外出体验生活。针对自己记忆力强、空余时间多的特点,张海迪选择了英语作为自己的突破口,这完全符合张海迪的个人能力与条件。

从张海迪的事例中,我们可以得到这样的启示:只要我们找到了属于自己的突破口,然后集中精力、时间去追求既定的目标,就一定会有所收获、有所成就。

别人成功的路你当然也可以走,但并不代表你就可以成功。因为有些路对他人来说可能是铺满鲜花的大道,但对你却是充满荆棘的陷阱。人的先天差别虽然很小,但人的差异更多的是在后天形成的。如果你和他人的成长环境不同,你就会和别人有差异。这种差异就决定了你不能随随便便就踏上任意一条成功的道路。你需要三思,待明确地知道了自己的绿洲在哪里后再奋斗也不迟。

所以,不管你对自己定位的发展领域是什么,也不管它是大是小,只要它是你的绿洲,是你熟悉的领域,而且能够为社会带来财富,为他人造福,你就拥有了成功的人生。

8.适时调整你目标的方向

成功者的秘诀就在于时时检视自己的人生目标, 看它是否有偏差,并适时、合理地调整自己的目标,直至取得成功。

　　"二战"后的日本,经济大萧条,有两个年轻人靠着借来的527美元作资本,挂出了"东京通讯工业株式会社"的招牌,这就是当今日本乃至世界上最大的电子工业公司之一的索尼公司的前身。在不到50年的岁月中,索尼公司从小到大,由弱变强,终于跃居日本电子制造业的榜首。

　　索尼公司的创始人盛田是一家酿酒厂老板的儿子。中学毕业后,他不顾父亲要他继承祖业的愿望,在上大学的时候选择了物理学专业。第二次世界大战中,他在海军服役,认识了专攻电器专业的井深。从此,两个年轻人成为了患难之交。盛田和井深有一个共同的愿望,就是等打完仗后,把电子学和工程学结合起来用于消费品领域的生产。战争结束后,他们便迫不及待地办起了电子公司。

　　公司的条件十分简陋,每逢刮风下雨,屋里便会下小雨,员工要打着雨伞才能工作。由于资金十分缺乏,他们的电子公司最初只能靠修理收音机来维持公司业务的运转。但由于盛田和井深一开始就注意抓好质量关,因此他们的公司赢得了用户的信任,生意越做越好。

　　1949年的某一天,井深前往日本广播公司办事,在那里,他偶尔看到了一台美国制造的磁带录音机。井深马上意识到这种商品蕴藏着巨大的潜力。回去之后,井深和盛田一商量,就决定调整自己公司的业务方向,买下这个生产专利。

　　以当时索尼公司的条件和技术力量,制造录音机并不是很难,但是当时在日本国内根本就找不到磁带,所以,生产磁带是一件不容易攻克的难题。经过一年的奋斗,他们终于生产出了自己的磁带和录音机。可惜的是,这种录音机的价格高得惊人,每台竟高达7万美元。经过十多天的智囊大会战,他们终于找到了降低成本的办法。

　　录音机的生产取得了成功,但盛田和井深并没有满足于此,他们又开始调整自己的发展目标,盘算着经营另外一种新产品。

　　1952年,井深听说美国人发明了晶体管,他十分感兴趣,就立刻与盛田飞赴美国考察。到美国之后,恰好西电公司以25000美元的价格出售该项产品的生产专利权,他们当机立断,立刻决定将其买下。经过几个月的奋战,世界上第一台袖珍晶体管收音机在盛田和井深的公司里诞生了。由于晶体管的体积很小,以此生产制造的收音机可以装进口袋,所以,他们公司首批生产的200万台收音机一上市就被抢购一空,销售额正好是盛田和井深当初在美国购买专利所花费的100倍。

为了给这种袖珍收音机起个好名字,盛田和井深反复考虑,最后决定取拉丁文的"音"(SONYS)和英语中"可爱的孩子"(SONNY)之义,取名为SONY(索尼)。这个名字不但十分好记,而且还可以纪念他俩这个"一对小顽童"兄弟般的友谊。从此以后,"SONY"(索尼)的名称响遍了全世界。

盛田和井深刚创办公司的时候,不过是想办个将电子学和工程学结合起来的消费品生产的小企业,而且一开始他们公司的主要业务就是修理收音机。但等到他们看到了进口的新产品即磁带录音机之后,就调整改变了他们的发展目标,取得成功之后,他们又一次次地调整自己的发展目标,后来的电视机等新的产品就是这样在调整发展目标中不断地被开发研制出来的。

可以说,索尼公司之所以能够在竞争异常激烈的电子市场上占据非常重要的地位,跟他们的领导人盛田和井深这种不断进取、不断调整发展目标有着极大的关系。

TIPS:拿破仑·希尔的"价值连城的个人成功计划"

目标的作用

(1)目标产生积极性。当你设定目标之后,能发挥激励作用,它是鞭策你前进的动力。

(2)目标有助于看清使命。每一天,我们都会遇到对自己人生和周围世界不满意的人。这些人中,98%的人缺乏具体的人生目标,生活漫无目的,没有意愿去改变现状。结果是,他们继续生活在一个他们无意改变的世界当中。

(3)目标有助于分清工作的轻重缓急。制定目标,有助于安排日常工作的轻重缓急。善于合理安排工作,分清工作的轻重缓急,是成功者必备的一项基本能力。

(4)目标引导人们发挥潜能。没有目标的人,即使潜藏着巨大的潜能,也无法充分挖掘与发挥。目标能助你集中精力,不停地挖掘与发挥个人优势,最终激发出巨大的潜能。

(5)目标有助于更好地把握现在。成功者掌控当下,把握现在。正如希拉尔·贝洛克说:"当你做着将来的梦,或者为过去而后悔时,你唯一拥有的现在却从你手中溜走了。"因此,树立目标,专注于现在,为当下努力,才是成功者的选择。

(6)目标有助于评估进展。平庸者一般都有共性,那就是他们极少评估自己取得的进展。他们中的大多数人或者不明白自我评估的重要性,或者无法度量已经取得的进步。目标则提供了一种自我评估的重要手段。如果你的目标具体,你就可以根据自己距离最终目标有多远来衡量目前取得的进步,从而不断激励自己。

(7)目标使我们未雨绸缪。成功者总是事前决断,而不是事后补救。而目标能帮助人们事前谋划,未雨绸缪。富兰克林在其自传中说过:"我总认为一个能力很一般的人如果有个好计划,是会有大作为的。"可见,设定详细目标是多么重要。

(8)目标使人们把重点从工作本身转移到工作成果上来。平庸者常常会混淆工作本身与工作成果,他们以为努力工作或一味增加工作量就一定会带来成功。这是不现实的。要想成功,就一定要朝向一个正确的目标发展,也就是说,成功的尺度不是做了多少工作,而是取得了多少成果。

既然目标如此重要,那么,在制定目标和实现目标的过程中,就需要注意以下几点:

(1)你应该使自己的目标明确可见。明确你想要达到的具体目标,把它清楚地描述出并写下来,然后专心一致地实现它。

(2)制订实现目标的计划,并定出最后限期。为你的计划制定出详细的实施步骤和详尽的时间表,规划出不同时期的进度,如每小时的、每日的、每月的。

(3)对于希望要取得的人生目标,你应该保持真诚的态度。积极的心态是人类一切活动的原动力。成功的欲望会给你植入"成功意识",成功意识又会反过来培养出越来越强的成功习惯。

(4)你应该无限信任自己和自己的能力。无论做什么事,内心都要有绝对成功的信心。你应该随时想着自己的长处而不是短处,想着自己的能力而不是困难。

(5)你应该要有把计划进行到底的坚强决心。坚定的决心是任何别的东西都无法代替的。

第七章

立即行动，为你的优势保驾护航

机会的流失往往在反复考虑之间，所以，机会来时，你应打开大门迎接，立即行动起来，以免稍有迟疑便使你丧失即将到手的机会。伟大的成功，永远是属于少说多做的人，而不是那些一味等待的人。

1.停止行动之日，就是完全失败之日

成功没有秘诀，如果非要说有秘诀的话，那就是立即行动起来。

张峰还有半个月就大学毕业了。一天，他接到了准备聘用他的那家广告公司打来的电话，说现在策划部急需一个人，如果可能的话，过两天就来上班。张峰为此事而感到忧心忡忡，虽然这是他向往已久的一家知名广告公司，可是此刻他真的没想好到底要不要去。因为他的爸爸是个小有名气的企业家，通过关系，张峰的工作已经解决了，是他们当地最有名的一家国有企业。据说工作很轻松，用不了两年就可以享受公务员的待遇。

两份好工作，让张峰陷入了两难的境地。留在北京意味着在这偌大的城市里，张峰只有靠自己的打拼谋求一席生存的空间，今后的生活面临的无疑是未知的困难与挑战；而回到父母身边，则什么也不用自己操心。难道年轻的张峰能够这么轻易地就放弃自己一直以来的理想与追求？周围的同学、朋友众说纷纭，搞得张峰也不知道应该选择哪个。

两天的时间很快就过去了，但张峰还是很犹豫。最终，他没有踏进那家广告公司的大门。

在父母的一再催促下，张峰终于踏上了回老家的列车。在父母的安排下，张峰糊里糊涂地进了那家国企。上班没一个月，他就开始厌倦这种生活了。

辗转反侧很长时间，张峰想，要不再给那家广告公司打个电话，或许还有希望。拨通了广告公司的电话，张峰才明白，在犹豫不决中，他已经失去了机会。

很多人做事都比较缜密，一件事非等筹划到自己认为万无一失时，才开始行动,刚刚踏入社会的年轻人尤其如此。其实,人算不如天算,所谓的周密计划往往会使你坐失良机。

不管是生活中还是工作中的目标,并非都是"生死攸关"。事实上,有许多本来能够成功的事情,都是在迟疑、犹豫中失败的。很多人一开始行动,步子尚未迈出,就先想到了消极的一面,想到了失败,这种恐惧心理削弱了他们的自信,限制了他们的优势,束缚了他们的手脚,使他们遇事不敢轻举妄动,从而失去机会,流于平庸。

刚踏入社会的年轻人经常会说"这样贸然行事,无法达到最好"。其实,人原本就无法达到最好,但通过实际行动可以做到更好。只有行动,才能发现自己的不足,积累弥补不足的经验,也只有行动才能使人进步。因此,最踏实的做法就是大胆向前,想做什么就去做,进而去实现自己所向往的目标,完善自我或完善生活的目标。只要向着你的目标大胆地行动起来,生活就会走上正轨并使自己创造奇迹。

当然,在行动中学习,"付学费"不可避免。就像学走路,总不能因为怕摔跤而不去学习走路。每个成功人士都敢于尝试,敢于冒险,敢于做前人未做过的事。其实,尝试、错误、尝试、错误……再尝试直至成功,这正是学习和进步的途径。

不要犹豫,行动起来,就会有希望。只有在行动中尝试、改变、再尝试……才有可能达到成功。有的人成功了,只因为他比我们行动得更早,犯的错误更多,遭受的失败更多。"没有行动的地方,就绝对没有成功。"停止行动之日,便是完全失败之时。

2.战胜拖延这个专偷行动的"贼"

汗水就是行动,行动就是努力。在任何一个领域里,不努力去行动的人就不会获得成功。就连凶猛的老虎要想捕捉一只弱小的兔子,也必须全力以赴地去行动。

"说一尺不如行一寸。"任何希望,任何计划,最终都必然要落实到行动上。只有行动才能缩短自己与目标之间的距离,只有行动才能把理想变为现实。做好每件事,既要心动,更要行动,只会感动羡慕,不去流汗行动,成功就是一句空话。哲人说:"想得好是聪明,计划得好更聪明,做得好是最聪明又最好。"

我们从许多杰出的成功者身上都可以找到某些成功的偶然性,但因为他们每个人都做得好,又体现了成功的必然性。如果他们没有付出比常人多几千倍、几万倍的行动,是不可能取得一个又一个成功的。

爱迪生75岁时,每天准时到实验室里签到上班。有个记者问他:"你打算什么时候退休?"爱迪生装出一副十分为难的样子说:"糟糕,这个问题我活到现在还没来得及考虑呢!"他活了84岁,一生的发明有1100多项,对自己成功的原因,他曾这么说:"有些人以为,我之所以在许多事情上有成就,是因为我有什么天才,这是不正确的。无论哪个头脑清楚的人,只要他肯努力行动,都能像我一样有成就。"爱迪生的名言是:"天才是百分之一的灵感,百分之九十九的汗水。"

世界著名的大提琴手巴布罗·卡沙斯在取得举世公认的艺术家头衔之后,依然每天坚持练琴6小时,养成了"行动再行动"的良好习惯。有人问他为什么仍然还要练琴,他的回答很简单:"我觉得我仍在进步。"一个成功者想继续成功就得这么去做,只有不断地努力,才能有不断的进步。成功是没有终点的,就像旅程中的一个个过程,必须一站一站往前走,一旦停在原地,不再去努力,不再全力付诸行动,成功的列车就会把你甩得远远的。

人人都想成功,为什么有些人总是错过成功的机会?原因就在于行动被拖延偷走了。拖延是个专偷行动的"贼",它在偷窃你的行动时,常常给你构筑一个"舒适区",让你早上躺在床上不想起来,起床后什么也不想干,能拖到明天的事今天不做,能推给别人的事自己不干,不懂的事不想懂,不会做的事不想学。它让你的思想行动停留在这个"舒适区"里,对任何舒适以外的思想行动都觉得不舒服、不习惯。

这个"贼"能偷走人的行动,同时也能偷走人的希望、健康、成功,它带给人的不良习惯和后果是积重难返的。有的学生遇上难题没有及时问老师,后来问题越来越多,成绩也越来越差;有的商人因没能及时作出关键性的决定而痛遭失败;有的患者延误了看病的时间,给生命带来了无法挽救的悲剧。

拖延这个"贼"虽然能偷走行动,但是积极的行动也能制服这个"贼"。最好是在这个"贼"没有把你偷走之前,就采取行动逮住它。

当你准备做一件事时,这个"贼"会对你说:"明天再干吧!"这时,你要马上提醒自己:"今天能做的事,绝不能拖到明天。因为这个'明天'遥遥无期,会变成明天的明天,永远不会来临。"

当你面临困难和挫折时,这个"贼"会找出许多理由让你停下来。这时,你要马上提醒自己:"成功不会等待任何人,我如果犹豫不决,它就会去找别人,永远弃我而去。"

当别人埋头苦干时,这个"贼"会引诱你袖手旁观、吹毛求疵。这时,你要提醒自己:"立即行动,马上动手,绝不用评说别人来掩饰自己的无所作为。"

奥格·曼狄诺是美国一位成功的作家,他常常告诫自己:"我要采取行动,我要采取行动……从今以后,我要一遍又一遍、每一小时、每一天都要重复这句话,一直等到这句话成为像我的呼吸习惯一样,而跟在它后面的行动,要像我眨眼睛那种本能一样。有了这句话,我就能够实现我成功的每一个行动;有了这句话,我就能够制约我的精神,迎接失败者躲避的每一次挑战。"

想奔向自己的目标,追求自己的成功,现在就要立即行动。"立即行动",是自我激励的警句,是自我发动的信号,它能使你勇敢地驱走拖延这个"贼",帮你抓住宝贵的时间去做你所不想做而又必须做的事。

懒惰之人的一个重要特征就是拖沓,总是把当天就应该做完的事情拖延到后天,甚至再往后,这是一种很坏的工作习惯。对一位渴望成功的人来说,拖延最具破坏性,也是最危险的恶习,它使人丧失进取心。一旦第一次

第七章
立即行动,为你的优势保驾护航

遇事推拖,就很容易有第二次、第三次,直到变成一种根深蒂固的习惯。当然,也有解决的办法,那就是马上行动。当你开始着手做一件事,无论什么事,你会惊讶地发现,自己的处境正在迅速地改变。

习惯性的拖延者早已是制造借口与托辞的专家。如果你故意拖延或逃避,你能找出成千上万个理由来辩解为什么事情无法完成,而对事情应该完成的理由却想得少之又少。把"事情太困难、太昂贵、太花时间"等种种理由合理化,这些理由远比"只要我们更努力、更聪明、信心更强,就能完成任何事"的念头更容易想出来。

这类人无法接受一定时间内完成的事,也不会承诺自己该什么时候完成,他们只想找些借口。如果你发现自己经常为了没做某些事而制造借口,或想出千百个理由为事情未能按计划实施而辩解,最好自我反省一番。别再做一些无谓的解释了,别再拖延了,动手做事吧!

你觉得拖延是对自己生命的一种挥霍吗?其实,挥霍时间要比挥霍金钱严重得多。拖延在人们日常生活中早已司空见惯,如果你将一天时间记录下来,就会惊讶地发现,拖延正在不知不觉地消耗着我们的生命。

拖延是人的惰性在作怪。每当自己要付出行动,或要作出抉择时,我们总会为自己找出一些借口来安慰自己,让自己轻松些、舒服些、快乐些。有些人深陷入"激战"泥潭,被主动和惰性拉来拉去,不知所措,无法定夺……时间就这样一分一秒地浪费了;有些人却能在瞬间果断地战胜惰性,积极主动地面对挑战。

每个人都有这样的经历:当闹钟将你从甜美的睡梦中惊醒时,你会想着自己所定的计划,或是昨天未完成的工作,同时也会感受着被窝里的温暖,然后一边不断地对自己说:该起床了,一边又不断地给自己寻找借口——再等一会儿。于是,在忐忑不安之中,又躺了5分钟,10分钟,甚至更久。

拖延是对惰性的纵容,一旦形成这种习惯,不但很难摆脱,还会消磨人的意志,使你对自己的未来越来越失去信心,开始怀疑自己的毅力,怀疑自己的目标,甚至会使你原先犹柔寡断的性格变得更加犹豫不决。

适当的谨慎很有必要,但过于谨慎就成了优柔寡断,何况诸如早上起床这样的事是没必要作任何考虑的。我们需要想尽一切办法不去拖延,在知道自己要做一件事的同时,立即动手,绝不给自己留一秒钟的思考余地。千万不能让自己拉开和惰性开仗的架势——对付惰性最好的办法就是根本不让惰性出现。在事情的开端,往往是积极的想法先出现,然后当头脑中冒出"我是不是可以……"这样的问题时,惰性就出现了。所以,要做就要迅速。

生活就好像一局球赛,坐在你对面的就是时间。只要你有一刻犹豫不决,你就会被淘汰出局;如果你继续下去,还有获胜的可能。

如果你犯了一项错误,这个世界会原谅你;但如果你未做任何决定,这个世界将不会理睬你。

不管你是谁,不管你从事何种行业,你都是在和时间下棋。你要移动自己的棋子,迅速地移动棋子,时间才会对你有利;如果静止不动,时间将会把你从棋盘中拿掉。

你不可能每一步棋都正确,但是,如果你下了很多步棋,只要其中有几步棋走得对,你就能受益良多。

人生最昂贵的代价之一,就是凡事留在明天完成。

"明日复明日,明日何其多,我生待明日,万事成蹉跎。"明天永远都不会来,因为来的时候已经是今天。只有今天才是我们生命中最重要的一天,只有今天才是我们生命唯一可以把握的一天,只有今天才是我们可以用来超越对手、超越自己的一天。不要把希望寄托在明天,希望永远都在今天,就在现在。立即行动,不要拖延,只有行动才能让我们的梦想变成现实。

一个勤奋的艺术家,如果他不想让任何一个想法溜掉,那么当他产生新的灵感时,他会立即把它记下来——即使是在深夜,他也会这样做。一个优秀的员工其实就是一个艺术家,他对工作热爱,有立即行动的习惯,就像艺术家记录自己的灵感一样自然。

无论你年纪多大、命运怎样、生活怎样,立即行动,做自己喜欢做的事，实现目标，永远都为时不晚。一张地图，不管多么详细，比例多么精确，它永远不可能带着你在地面上移动半步。你只有立即行动，才有可能成功。

一个小小的行动，往往会带来意想不到的结果。水滴石穿，不就是小小行动的结果吗？世界到处都漫游着说到做不到的穷人，他们只是在想，只是在拖延，没有采取任何有效的行动。世界上任何一件事、任何一个创举难道不是由行动者产生的吗？走向成功的第一步不是拖延，而是迅速行动！

3.一再等待，你的优势也会"等"成劣势

等到你什么都准备好了，然后再去做，你的优势就会变成劣势，因为你成功的机会不是等来的，而是自己创造出来的，机会永远垂青那些时刻准备着的人，而不是一切都准备好的人。因此，你不能只是傻傻地等待机会，一定要靠自己的头脑准备，创造机遇。

人生其实就是一次不断向前、持续向上的生命旅程。因此，我们不能等，要靠自己未雨绸缪，珍惜每一寸光阴，让每一分、每一秒换取应得的成果，这样才能有机会与成功见面、握手，才能赢得别人的称赞，才能在自己的笔记本上写下"今生无悔"这四个辉煌的字。

做任何事情都应当在适当的时机中去做才有可能成功。然而，如果我们总以为自己的人生旅途道路漫漫，因而把创造机会的日子推到明天，或只想默默地等待幸运的降临，到头来只能是"白了少年头，空悲切"。

等待者永远得不到他们日夜盼望的称赞声和掌声，他们只能眼巴巴地望着成功者抱着满怀的奖品和鲜花走过人群，心里满是羡慕和妒忌。天天等待，天天后悔，天天叹息，而不去进取，成为时间的奴隶，又有何用呢？

机会不是等来的，而是争取来的。

有一个故事，讲的是两位美国姑娘截然不同的人生经历。

这两位年轻而有自信的女孩，一个名叫芭芭拉，一个名叫露易丝。她们的出生背景不同。芭芭拉出生在一个条件非常好的家庭中，她的父亲是波士顿有名的整形外科医生，母亲是一所著名大学的教授。家庭对她的帮助很大，她完全有机会实现自己的理想。芭芭拉的理想是做一名优秀的节目主持人，她充分相信自己有从事这方面工作的才能，因为她感到在与他人相处的时候，大家都愿意和她交谈，愿意说出自己内心的想法。她时常对别人说："只要有人给我一次机会，让我上电视，我准能成功。"大学毕业以后，芭芭拉等待了一年多，一直没有人给她提供一个上电视的机会。于是，她变得焦急、苦闷、心情烦躁，她不断地企求上天能赐给她一个机会，可机会终究没有光临。

露易丝的情况和芭芭拉截然不同。露易丝的家庭条件很差，父母都是极普通的人，他们每天为生活奔波，根本顾不上露易丝。露易丝白天打工，晚上去读夜校。她们俩唯一共同的地方就是拥有相同的理想，露易丝也很想成为一名节目主持人。毕业以后，露易丝不像芭芭拉那样无休止地等待，为了谋得一份符合自己愿望的职业，她跑遍了当地的每一个广播电台和电视台。但是，她在不同的地方得到的却是相同的答案："我们只雇有工作经验的人。"这个要求是多么不合理，不给机会怎么能获得经验呢？露易丝和每一位接见她的人辩论。

虽然结果令人失望，但露易丝没有放弃，她开始为自己创造机会。一连几个月，她都仔细浏览广播电视方面的各种杂志，并让朋友帮忙打探各种有可能的工作机会。终于有一天，她在报缝中发现了一个令她激动不已的广告：北达科他州有一家很小的电视台，正在招聘一名预报天气的姑娘。北达科他州在美国的北部，那里非常寒冷，经常下雪。露易丝是最讨厌雪的，可她已经顾不了那么多了，她急切地想要到那里去。她想：只要能和电视沾上边儿，让我干什么都行，别说下雪，就是刮飓风也没有关系。

第七章
立即行动,为你的优势保驾护航

在北达科他州工作了两年以后,露易丝积累了丰富的工作经验。当她再次到洛杉矶电视台应聘的时候,轻而易举地就应聘上了一个职位。又过了几年,露易丝得到了提升,她的愿望终于实现了,她成了著名的电视节目主持人。

从露易丝和芭芭拉身上,我们可以清晰地看到成功者和失败者不同的生活轨迹。露易丝不断地实践,不断地积累经验,为自己创造一切可能成功的机会,而芭芭拉却一直停留在幻想中。其实,她已经具备了主持人的条件,但是她就是不愿意自己去寻找机会,总是期望天上掉下个大馅饼。然而,时光飞逝,她什么也没做成。

机会从来不是偶然得来的,要想获得成功的机会,你就得行动起来,主动去创造一个又一个机会,编织一个又一个梦想,制造一个又一个成功。正所谓:"弱者等待机会,强者把握机会,智者创造机会。"

有个很有才能的人,在一天晚上碰到了一个神仙,这个神仙告诉他,有大事要发生在他身上,他有机会得到很大的一笔财富,在社会上获得卓越的地位,并且娶到一个漂亮的妻子。这个人相信了神仙说的话,于是什么事都不做,终其一生都在等待这个奇异的承诺。令他悲哀的是,什么事都没有发生,他就这样穷困地度过了一生,最后孤独地死去。当他死后,他又看见了那个神仙,他对神仙说:"你说过要给我财富、很高的社会地位和漂亮的妻子,我等了一辈子,却什么也没有。"

神仙回答他:"我没说过那种话。我只承诺过要给你机会得到财富、一个受人尊重的社会地位和一个漂亮的妻子,可是你让这些机会从你身边溜走了。"这个人迷惑了,他说:"我不明白你的意思。"神仙回答道:"你是不是准备好了一切,却没有行动是因为怕失败而不敢去尝试吗?"这个人点点头。

神仙继续说:"因为你没有去行动,这个点子却被另外一个人想到了,那个人一点也不害怕地去做了,后来变成了全国最有钱的人。还有,你应该还记得,有一次发生了大地震,城里大半的房子都毁了,好几千人被困在倒塌的房子里。你有机会去帮忙拯救那些存活的人,可是你怕小偷会趁你不在家的时候,到你家里去打劫偷东西,你以这作为借口,故意忽视那些需要你帮助的人,而只是守着自己的房子。"这个人不好意思地点点头。

神仙说:"那是你去拯救几百个人的好机会,而那个机会可以使你在城里得到多大的尊崇和荣耀啊!可是却被你错失了。"

"安得广厦千万间,大庇天下寒士俱欢颜",是仁人志士杜甫的人生之梦;"路漫漫其修远兮,吾将上下而求索",这是屈原对人生的诠释;"人生在世,逢场作戏",则是市井之人的人生哲理。不同的人生折射出不同的心态和灵魂,于是便有了伟大、高尚、卑鄙和无聊。

品味人生,就像品尝一杯烈酒,亦醇、亦酸、亦辣。

机遇是人生当中最具魅力的花环。人们说机遇是悬念,是生命章节中最令人激动和愉悦的部分——其貌不俊的拿破仑遇到了使自己飞黄腾达的瑟夫,苹果偏落在了正在喝咖啡的牛顿头上。而我们总是与成功和辉煌失之交臂。其实,机遇虽然总在意料之外悄然光临,却也绝对不会和懒汉有缘,只有奋斗才能使机遇的出现成为可能,因为机遇总是青睐于那些付出艰辛劳动的人。

痛苦、挫折是人生道路上的一把"双刃剑",唯有忘掉自我,不以物喜,不以己悲,才能获得开拓的勇气,前进中才能少些困惑和畏惧。闯下去,拼下去,用不肯投降的双手打出来,一定能打下一方令自己都无比惊讶的新天地。假如过分珍爱自己的羽毛,不愿让它受到一点损伤,你就永远不能领略到一览众山小的豪气。

不要等到万事俱备的时候才去做,无异于将机会拱手让人。你要主动去创造机会,不要让你的优势变成劣势。

4.抓住细节,就算只有"万分之一"的机会也不要放过

机遇是美丽而性情古怪的天使,她倏然地降临在你身边,如果你没有准备,她又会翩然而去,不管你怎样扼腕叹息。要想把握好那万分之一的机会,并非是一件容易的事情,我们必须要具有一种积极、乐观的人生态度。只有凡事往好处想的人,才能视困难为机遇和希望,赢得人生与事业的成功。如果遭遇到一点点困难,就想放弃和退却,那么,再好的机遇也会与你擦肩而过。

美国一个叫米契尔的年轻人,一次偶然的车祸,使他全身三分之二的面积被烧伤,面目恐怖,手脚变成了不可分辨的肉球。面对镜子中难以辨认的自己,他痛苦过、迷茫过,但他并没有因此而沉沦,而是一直以一位哲人的教诲警醒自己:"相信你能,你就能!""问题不是发生了什么,而是你如何勇敢地面对它!""哪怕只有万分之一的机会,你也不要放过!"

痛苦是折磨不了身残志坚的米契尔的,他很快就从痛苦中解脱了出来,经过一番坚苦的努力与奋斗,他终于成为了百万富翁。可他并没有就此满足,非要用肉球似的双手去学习驾驶飞机。结果,因飞机突然发生故障,他从高空摔了下来。也许是上天不想让他过早地死去,当人们找到他时,他还活着,但脊椎已粉碎性骨折,这会使他终身瘫痪。家人、朋友都为他而感到悲伤,但他却说:"这是我无法逃避的现实,我必须乐观地接受。我的身体虽然不能行动了,但我的大脑依旧是健全的,我还有一张嘴可以帮助别人。"在医院的病房里,他用自己的智慧和幽默,去鼓励病友战胜疾病。他在哪里出现,笑声就在哪里荡漾。

一天,一位刚从护士学院毕业的金发女郎来护理他。他一眼就断定她就是自己想要一生相伴的人。他将自己的想法告诉了家人和朋友,可是他

们都劝他:"这是不可能的,万一人家拒绝,那你多难堪呀!"可他却说:"不,你们错了,万一成功了呢?万一她答应了呢?"

米契尔决定去抓住哪怕只有万分之一的可能,勇敢地向那位金发女郎示爱。两年之后,那位金发女郎嫁给了他,他们生活得很愉快。

凭着坚忍不拔的毅力和永不放弃的精神,米契尔成为了美国人心目中真正的英雄,并最终成为美国坐在轮椅上的国会议员。

在人生的道路上,我们只有善于把握机会,哪怕是万分之一的机会也不放弃,并且努力去实践、拼搏,才有可能实现人生的理想,获得巨大的成功。

机会非常重要。干柴遇不到火种,永远不能燃烧;千里马碰不到伯乐,只能拉车;英雄生不逢时,只好仰天长叹。

虽说机会往往属于有自信的竞争者,但它并不总以夺目的光彩呈现在你的面前。你有志于艺术,但是最初给你的机会是当很次要的配角;你想成为科学家,而你最先得到的机会是清洗试管。面对这些,你该怎么办?

能够获得最佳的机会当然最好;但是,如果一开始不可能求得,何必拒绝已经光临的小机会呢?云中仙鹤,远不如手中的山雀!

人生就像流水一样,有的人乘着急流往下游奔驰,有的人却在一个地方打转。落叶的前途,完全由风向与流水决定;然而,你却可以自己决定前途,不必老待在静止不动的静水处,你可以向流水中央游去,乘着急流,去寻找新的机会。你现在所需要做的,就是用自己的力量向着急流游去。

美国旦维尔百货业巨子约翰·甘布士,就是一个敢于把握机遇的人。其实,甘布士的成功经验也极其简单,用他的话就是:"不放弃任何一个机会,这个机会哪怕只有万分之一的可能,你也要抓住。"

但有不少聪明人对这万分之一的机遇却不屑一顾,认为这种机遇太渺茫,实现的可能性太小。可是有的人就是凭着这万分之一的机会获得成功的。

有一次,甘布士出差,需搭火车去外地,但事先由于工作忙,没有买好车票。不巧的是,这时刚好是圣诞前夕,度假的人特别多,票也很难买。

他的夫人打电话到车站询问,答复票已售完。售票员还说:"如果你们不怕麻烦的话,可以到车站碰碰运气,看是否有人退票,但是这种机会或许只有万分之一。"得知这一消息的甘布士决定试一试。

甘布士欣然提着行李赶到车站,可是等了好久,一直没人退票,甘布士仍然耐心等待。就在离火车开车还有5分钟时,一个妇女匆匆赶来退票。就这样,甘布士如愿地搭上了火车。

到了目的地,甘布士给他的夫人打了一个长途电话:"我抓住了那只有万分之一的机会,因为我相信不轻易放弃的人是真正的聪明人。"

正是靠着这不放弃万分之一机会的执着,甘布士从芸芸众生中脱颖而出,从一个小技师一跃成为拥有5家百货商店的老板,成为企业界举足轻重的人物。

甘布士成功的奥秘让人受益匪浅。在通往成功的路上,处处都有可能错过良机。若能像甘布士那样不轻易放弃,哪怕希望和机会只有万分之一,也要努力去奋斗,就一定能实现人生的理想。

人的一生就如同大海里的波浪一样有起有伏,没有人会一辈子都一帆风顺。面对困难与挫折,有的人跌倒了之后还会再爬起来,咬着牙撑下去;有的人却从此萎靡不振,甚至对生命失去信心。连自己都不相信自己了,老天爷怎么会给你机会呢?

只有我们不想做的事情,没有我们做不到的事情。也许我们的现状看起来不那么尽如人意,但是只要我们认真地努力,用一万分的努力去争取那万分之一的机会,我们就一定能实现心中的理想,让事业变得更成功,让生活更加丰富、精彩。

5.果断执行，机会只钟情不拖延的人

人们之所以会犹豫，是因为一时之间对某事牵扯的方方面面难以做出取舍，这个也想要，那个也想要，放弃哪个都舍不得。结果衡量来衡量去，最好的机会已经错过了。

要抓住时机，成就未来，就要敢取敢舍，果断作出选择，积极采取行动。

当我们面对择业时，摆在我们面前的是一家大公司，发展空间大，福利待遇好，但我们犹豫了：还有没有更好的公司呢？工资高一点的，培训机会多一点的，最好有出国外派的机会。犹豫来犹豫去，机会就被别人抓去了。

当我们与客户洽谈合作时，客户提出了较为严苛的条件，我们因为不敢拍板、犹豫不决，结果被其他公司的业务员捷足先登，拉走了订单。

当我们面对升职加薪的机会时，因为担心别人比自己强，而迟迟不肯毛遂自荐，结果被别人抢占了先机。

当我们与供应商洽谈时，因为采购价格发生异议，以为还有价格更优的原材料，结果其他公司的采购员已经和厂商签订了订购合作。

机会就摆在我们面前，而我们却因为思虑太多而犹豫不决，最终眼睁睁看着机会溜走，除了一声叹息，它没有给我们留下任何东西。

嘉嘉的上司调走了，公司在总部新派来一位据说能力相当了得的上司。新官上任三把火，这位上司上任后，把分公司的员工召集起来，开了一个会。会议的内容很简单，就是自我介绍。上司热情洋溢地做了一番自我介绍后，让员工一一介绍自己。

大家觉得挺新鲜，一般来说，领导上任，只要把自己介绍一番，再由秘书介绍一下下属就可以了，很少有领导直接要下属做自我介绍的。嘉嘉觉得这是领导想要了解大家,可能是个机会,便想尽量表现一下自己。于是在轮到她自我介绍的时候,她别出心裁地把自己表现了出来,虽然说得不怎么精彩,但是内容全面、表达流畅,偶尔的"抖包袱"把大家逗得哄堂大笑。上司结结实实地记住了这个会说单口相声的"小女子"。

有的同事因为平时很少做自我介绍,尤其是在领导面前,所以始终犹豫着不知该说什么好,不知该怎么样表现自己才合适。因为想的太多,轮到自己做介绍时,竟然一时语结,局促不安,有的干脆就一句话——我是谁,在公司做什么。上司想听下文,没有了!

做完介绍没几天,上司来到嘉嘉所在的部门,问谁能帮助他做一张进销存报表。制作进销存报表,是嘉嘉这个部门的职工必须掌握的工作内容,也就是说,这个部门的几个职员都会做。但是当上司提到这个时,大家竟然你看看我,我看看你,没有一个人说话。嘉嘉看着大家,转过头来对上司说:"我来做吧!"上司点点头。

一个月后,上司开始了行动,他开始合并部门、裁减人员。很幸运的是,嘉嘉留了下来,并被提拔为小组长。而那个只做了一句自我介绍,平时又不爱说话的员工则被新上司裁掉了。

嘉嘉在上司要大家做自我介绍时,没有犹豫不决,即使相声说得不好,也把自己介绍得一清二楚,让上司记住了这个活泼开朗的女孩;在上司考察员工的工作能力时,嘉嘉又毫不犹豫地站出来主动请缨,因而她得到了上司的信任和器重。而那些在机会面前犹犹豫豫的人,最终则被上司遗忘,甚至裁掉了。犹豫是对机会的最大危害,当我们没有足够的能力和机会时,我们可能不会为失去它而难过和后悔,但当我们知道那是个机会,却因为犹豫不决而错失了良机,我们便会后悔、痛心疾首。

所以,我们如果能够感知机会、看到机会,就要果断地作出选择和行动,舍弃那些不必要的想法。

处事不拖延、不犹豫是职场上成功人士必备的素质。

当年李开复在苹果主管技术团队时，发现这个团队存在着很大的问题，已经到了积重难返的地步。是解散团队还是自我蒙蔽、维护面子？经过一番思考，李开复果断地解散了它，重新组建了新团队。新团队很好地完成了研发任务，结果公司不但没有责怪他，还对他勇于承认错误并及时改正的行为大加赞赏了一番。

当他认识到，作为行业翘楚的微软无法让自己的思想和意见自由表达时，他毅然跳槽到了谷歌，这不仅给他带来了快乐，更进一步扩大了他的影响力。

处事不拖延不仅能使我们抓住机遇，作出成绩，还能够帮我们最大限度地避免损失。李开复解散团队的行为，结束了团队劳而无功却要公司支付成本的现状，为公司避免了进一步的损失；而他选择自己去留的果断行为，也使自己的职业生涯得到了更加辉煌的发展。

犹豫不决是职场晋升的绊脚石，它使我们很难作出成绩，也使我们在争取晋升的机会时举棋不定，从而错失良机；而不拖延的果断行为，却能让我们牢牢地抓住机遇，创造出不俗的业绩。当然，果断绝不是武断，果断是用最短的时间，衡量做一件事的利弊。如果这样做利大于弊，那么即使冒一些风险，也要采取行动。

执行出错带来的危害远不如行事犹豫不决带来的危害大，静止不动的事情比运动中的事物更容易损坏。

一位智商一流、持有大学文凭的才子决心"下海"做生意。有朋友建议他炒股票，他豪情冲天，但去办股东卡时，他犹豫道："炒股有风险啊，等等看。"又有朋友建议他到夜校兼职讲课，他很有兴趣，但快上课时，他又犹豫了："讲一堂课才20块钱，没什么意思。"他很有天分，却一直在犹豫中度过。两三年了，一直没有"下"过海，碌碌无为。一天，这位"犹豫先生"到乡间探亲，路过一片苹果园，望见的都是长势喜人的苹果树。他禁不住感叹道："上帝赐予了这个主人一块多么肥沃的土地啊！"种树人一听，对他说："那你就来看看上帝怎样在这里耕耘吧。"

世界上有很多人光说不做,总在犹豫;也有不少人只做不说,总在耕耘。

成功与收获总是光顾有成功的方法并且付诸于行动的人。过分谨慎和粗心大意一样糟糕。如果你希望别人对你有信心,你就必须用令人信赖的方式表现自己。

过度慎重而不敢尝试任何新的事物,对你的成就所造成的伤害,就像不经任何考虑就突发执行的后果一样严重。

没游过泳的人站在水边,没跳过伞的人站在机舱门口,都是越想越害怕,人处于不利境地时也是这样。治疗恐惧的办法就是行动,毫不犹豫地去做。再聪明的人,也要有积极的行动,才能有所成就。

有一个6岁的小男孩,一天在外面玩耍时,发现一个鸟巢被风从树上吹掉在地,从里面滚出了一只嗷嗷待哺的小麻雀。小男孩决定把它带回家喂养。当他托着鸟巢走到家门口的时候,他突然想起妈妈不允许他在家里养小动物。于是,他轻轻地把小麻雀放在门口,急忙走进屋去请求妈妈。在他的哀求下,妈妈终于破例答应了。小男孩兴奋地跑到门口,不料小麻雀却不见了,只看见一只黑猫正在意犹未尽地舔着嘴巴。小男孩为此伤心了很久,但从此他也记住了一个教训:只要是自己认定的事情,就绝不可优柔寡断。这个小男孩长大后成就了一番事业,他就是华裔电脑名人,王安博士。

在人生中,思前想后、犹豫不决固然可以免去一些做错事的可能,但更大的可能是会失去更多成功的机遇。

在偏远地区有两个和尚,其中一个贫穷,一个富裕。

有一天,穷和尚对富和尚说:"我想到南海去,您看怎么样?"富和尚说:

"你凭借什么去呢?"穷和尚说:"一个饭钵就足够了。"富和尚说:"我多年来就想租条船沿着长江而下,现在还没做到呢,你凭什么去?"第二年,穷和尚从南海归来,把去南海的事告诉了富和尚,富和尚深感惭愧。

穷和尚与富和尚的故事说明了一个简单的道理:说一尺不如行一寸。没有果敢的行动,一切梦想都只能化作泡影。现实是此岸,理想是彼岸,中间隔着湍急的河流,行动则是架在河上的桥梁。

但是这个世界上,有些人看上去并没有付出多少努力就获得了成功、权力和财富,而有些人一直在行动、在努力,却不断地遭受着挫折和打击,无论怎样付出也不能实现自己的野心、愿望和理想,这究竟是为什么呢?难道是行动有了问题?我们所说的行动,是有正确目标的行动,而不是不切实际的乱行动。如果是错误的行动,带来的危害会让我们一生都无法挽回。想好自己努力的方向,就去行动吧!

6.制订计划,给优势加一张"必胜王牌"

如果将生活比作一个牌局,计划就是你的必胜王牌!它能够帮助你减轻时间的压力,缓解日常的忙乱,找到自己最重要的事情。以下三个方面的说明将为你提供必要的指导和帮助:

(1)制订计划的时间。

一般来说,制订一份有意义的周计划至少需要半个小时。除此之外,你还要特别注意各个生活方面的平衡问题。许多人一想到"计划"二字就会自然而然地将自己的思维局限在工作上,从而只注意到五天工作日的安排,却忽略了最为重要的双休日——要知道,这两天才是真正属于你自己的时间。

第七章
立即行动,为你的优势保驾护航

因为一周的时间相对较长,所以在周计划中涉及的日常事务也就比日计划要多出很多。为了避免在制订周计划的过程中出现遗漏,你最好为自己准备一个清单。而且,制订日计划的理想时间是前一天临睡之前的一个小时,以此类推,我们当然也需要在前一周就准备好这张周计划的清单。如果你习惯将周一看作一周的开始,那就请你在前一周的周三或周四就把这张小纸条随时带在身边,一旦想到任何与下周的计划相关的事情就马上把它写在清单上。等到正式提笔制订周计划时,你就会发现这张小纸条的大用处了!

此外, 如果你打算在接下来的一周中与某个生意伙伴或朋友约会见面,当然也需要提前与他们取得联系,确定碰面的时间和地点之后,再把相应的安排写入周计划中。具体来说,如果你习惯在星期天制订周计划,那就要在周四或周五把工作上的约会都确定下来,不要等到周末下笔时才突然发现自己已经没有办法跟对方联系了;而如果你的周计划是星期一的早上在办公室完成的, 那就最好在周末跟朋友约定具体的见面时间——这种做法不仅便于你做计划, 更能够给对方提供足够的时间去协调他们的日程安排。

(2)系统化的计划方法。

众所周知, 如果我们只是把眼前所有的零碎事情都无序地堆砌在一起,胡乱填满一周的时间,那绝对不能被称为"计划"。因此,在制订周计划的过程中,你必须以系统化为原则:首先,你要列举出在这一周中尤其重要的事情和必须完成的任务,然后把这些具体的事务跟自己的人生设想和目标联系起来,在生活中的所有方面之间进行权衡的调整,从而得出最终的结论,并为这些真正重要的事情预留出足够的时间。

远大的理想必须通过持续的努力才能得以实现。具体到周计划的问题上, 就意味着你必须把长期的理想划成若干个以周为单位的短期目标,并且进一步估算出每周所需完成的工作量。例如,你希望使自己公司的业绩更上一层楼,赢得更多的客源,那么,你在接下来的一周中就要集中精力发展客户关系,或许你可以根据实际情况给自己定下目标,如至少招揽两位新顾客。又例如,你希望拥有一间整洁的办公室,那么从这一周开始,你就要坚持每天抽出一小段时间来进行清洁、整理和归类的工作。类似的例子数不胜数,在此就不一一列举了。

在制订计划的时候,我们往往会觉得时间十分充裕,但等到实施计划时,时间却似乎总是不够用。这就是缺乏时间概念的表现!要想解决这个问题,最佳方法就是专时专用。比方说,你可以把每周的小组会议安排在星期四上午10点到12点,或者把星期五下班前的半小时用来整理和汇总一周的文件。只要养成了习惯,你就会始终拥有足够的时间来处理这些重要的事情。此外,这种专时专用的做法同样适用于私人生活方面:你可以将每个星期四的晚上都固定用来二人共度,跟妻子或丈夫外出享受烛光晚餐,重温热恋时的甜蜜感受;同样,每个星期二下班之后,你也可以直接去健身房锻炼身体。久而久之,你就会发现习惯背后隐藏的强大力量。

我们在制订周计划的同时要充分考虑到自己的现实状况,毕竟,我们制订计划的目的就是要将其付诸实现。而且,一年足足有52个星期,这也就意味着有52次制订周计划的机会,难道这还不足以使你的长期计划向前迈进大大的一步吗?如果够幸运,你的目标甚至可以在最后关头得以实现。因此,你完全没有必要急于求成,把一周的时间都安排得满满的,不给自己预留任何喘息的空间。

此外,由于周计划的内容往往不会十分详尽,所以在实施的过程中难免会出现一些时间上的空隙。一旦遇到这种情况,你只有两种选择:要么充分利用这些机会去提前完成其他重要的事情,要么干脆什么都不干,给自己一个意外的放松机会。总而言之,千万不要因为周计划上的空白就把时间白白浪费在无关紧要的琐碎小事上。

最后,请你记住:任何计划都不是对自己死板的限制,周计划也不例外。只有当你学会为自己的计划注入必要的灵活性,它才能发挥出最大的效用。当计划有变时,你可以翻开自己的周计划看看其他重要事宜,就会知道应该怎样利用这段突然多出来的时间了。

(3)注意劳逸结合。

一周必须留一天给自己随心所欲地安排生活：与家人共享天伦之乐,与朋友聊天谈心,休闲娱乐,发挥自己的创造力……只要是能够给你的生活带来乐趣的事情都可以!你只需记住一句话:拒绝工作!哪怕只是短短的一两个小时都不可以!这绝不是浪费时间,因为,只有适当地让身心完全放松,你才能为自己充电,才能保证自己在接下来的一周里精力充沛、心情愉快地去为新的目标努力奋斗。

TIPS:工作场合与家庭中的不同表现:行动力

我们发现,在行动力上,高级经理人在工作场所和家中会有不同表现。在工作中,绝大多数的经理人认为自己行动力强,不会拖拉延迟。然而,如果是在家里做自己的事,情况就不一样了,很少人认为自己会说做就做。全部被调查者中,超过1/3的人认为自己在工作中"极为擅长"启动工作,少于1/5的人认为自己在家中"极为擅长"这一点。仅有1/10的人认为自己在工作中"并不擅长"启动工作,3/10的人认为自己在家时"并不擅长"这一点。

公司的规模与行动力并无直接关系。任职于小公司的人启动工作的执行能力和大公司职员一样好,在家里的表现则相应得有好有坏。

在工作场合中,有更多的外部因素促使人们使用自己的能力。例如工作开始的时间、会议时间、项目期限、预算等。经过漫长的一天后,下班回到家,你可能已经没力气再做什么了。"工作已经够累了,我到了家,最不想做的就是'项目'。"一个经理人这样说。现实情况是,工作中让别人失望,这后果可比让家人失望严重得多。

调查:行动力

在工作中,你认为自己立即"启动工作"的能力如何?(启动某项工作,也就是开始着手某项任务、项目等)

极好	38%
还不错	53%
不怎么样	8%
很差	1%

在家里,你认为自己立即"启动工作"的能力如何?(启动某项工作,也就是开始着手某项任务、项目等)

极好	19%
还不错	52%
不怎么样	26%
很差	3%

工作场合与家庭中的相同表现:时间管理能力

其他的执行能力受外界环境影响的程度要小些,比如时间管理能力。无论是在工作中还是在家里,这项技能的行为表现比较一致。商务人士们的表现较为均等,95%的人在工作中善于管理时间,91%的人在家中善于管理时间。在工作场合,依然有更多的外部因素驱使你严格按时间表办事,家里则不同,你可以享受"自由时段"。

调查:时间管理能力

在工作中,你的时间管理能力如何?(如期完成任务、按日程办事、准时等)

极好	46%
还不错	49%
不怎么样	4%
很差	0

在家里,你的时间管理能力如何?(如期完成任务、按日程办事、准时等)

极好	26%
还不错	65%
不怎么样	8%
很差	1%

第七章
立即行动,为你的优势保驾护航

某些外部因素会促使你表现得更好,尽管需要用到的是你的弱项。这些外部动力并没有提升你的执行能力,却往往会减少能力弱项造成的问题。这些因素在工作中很常见,可能是某些人,也可能是工作流程,或者是公司的某些规定。这些因素会影响执行能力的表现,哪怕是你最弱的那种能力。它们可分为以下3类:

(1)潜在的损失。如果不做某事,你就要承担严重后果,即使它正逢你的能力弱项,你也得做。例如,你的时间管理能力很低,但是如果你不按时去开常规会议,你就会丢掉工作,那你肯定每次都能准时出席。这并不意味着你的时间管理能力因此提高了,只能说明如果不做此事,后果将极为严重。再比如,你的配偶下了最后通牒,要是再有一回你没能准时接孩子放学,就干脆离婚,你肯定会乖乖地准时出现在校门口。这种潜在损失丝毫没有减轻任务的难度,它只是大幅度提升了任务的重要性。

(2)潜在收益。如果某事的回报实在丰厚,那么即使它需要用到的是你的能力弱项,你也会去做。例如,你已经紧张地工作了一整天,但是还有一件乏味的工作没完成。你要么会做着做着就睡着了,要么干脆拖到明天再做。然而,如果有人通知你,要是你当天完成就让你连休4天,你肯定会打起精神干活。潜在的收益激发了你的精力,完成此事成了第一要务。再强调一遍,尽管你努力完成了这项工作,却并不意味着你定义目标、实现目标的能力因此提高了。

(3)来自外界的提醒。当你的某种执行能力很低时,外界的提醒可以帮你完成任务。例如,你的行动力不高,但是老板经常督促你,那么,你也会按时启动工作;或者,你的工作记忆力不强,容易忘记开会,但看到同事们都往会议室走去,你也能想得起来。

经常将自己置于能发挥能力优势的环境,持续成功的机会就会大得多。你也将避开那些吃力的工作,工作起来的感觉会更加轻松。然而,能力弱项还是会不时显现出来,我们不能对此置之不理。

第八章

与时俱进,为你的优势〔保鲜〕

任何优势都具有变化性和比较性,重要的是你要保持求知若渴的学习力和变通的思维,让你的优势跟上时代的潮流,为时代所认可,方能化优势为黄金!

1.强烈的"欲望"能促使优势发挥得淋漓尽致

"破釜沉舟，背水一战"的故事，给我们的启发应该是：只有强烈的取胜欲望，才能引导成功。

强烈的欲望能够激发你前所未有的力量。你的欲望越强烈，就越能使你迸发出能量。

在《思考致富》一书里面，成功学家拿破仑·希尔博士首次揭示了6个"化欲望为黄金"的切实步骤：

①在心里确定自己希望拥有的财富数字，只是散漫地说"我需要很多钱"是没有用的。也就是说，数目一定要明确。

②确实决定，你将会付出什么努力与代价去换取你所需要的钱。要知道，世界上没有人能不劳而获。

③规定一个固定的日期，一定要在这个日期之前把你要求的钱赚到手。

④拟定一个实现你理想的可行计划，并且不论你是否已有准备，立即开始将计划付诸行动。

⑤将你要得到的财富的数量目标、达到目标的期限以及为达到目标所愿付出的代价和如何取得这些财富的行动计划等，都明白简要地写下来。

⑥每天两次，大声朗诵你写下的计划内容。一次在晚上就寝之前，另一次在早上起床之后。在你朗诵的时候，你必须看到、感觉到和深信你已经拥有这些钱了。

拿破仑·希尔还特别强调了第六点的重要性。他说："你必须遵照这六个步骤所说明的指示去做。特别重要的是，你要遵守和奉行第六个步骤中的指示。你也许会抱怨，在你未实现这一目标之前，你不可能看见你自己的成就和财富，但这正是'强烈的欲望'能帮助你的地方。如果你真的十分强烈地希望拥有财富,进而使你的欲望变成了充满你大脑的意念,这将会毫不困难地使你自己相信你会得到它。这样做的目的是要使你渴望财富,并且确实下定决心要得到它,最后你将可以使自己相信必然会拥有它。"

推动着香港巨富李嘉诚越过一个又一个事业高峰的巨大"原动力",就是他的强烈的赚钱欲望和超人的"创富意识"。

李嘉诚是广东潮州人,当地浓厚的家族观念和对长辈权威的遵从对他影响很大。父亲的早逝使他过早地担当起了维持家计的重任,作为长子,他身上的每个细胞都充满了财富意识。李嘉诚的父亲临终前将家人的一切托付给他,并期望这个长子能够出人头地、光宗耀祖。有人形容得很好:李父的临终遗言,就像一首振奋人心的歌,不断地在李嘉诚的脑海里播完又播,刺激着这个"商业竞技场"上的新秀无限的斗志与冲劲,推动了他赢取财富的欲望,使他下定决心,不成功,誓不罢休。

而另外一位巨富李兆基对金钱的强烈欲望则源自童年。

李兆基的父亲精于做生意,在广东顺德开了间铺子。小小的李兆基常常去父亲的铺子玩,因此自幼对做生意就不陌生。李兆基小学毕业时,父亲开了间银庄,他便到父亲的银庄学做生意。一开始,他就被银庄的钞票迷住了。他想:"什么时候我也能赚上几打钞票呢?"渐渐地,他在业务上入了行,包里也装进了一些钱。但包里的钞票今天可以买到1斤米,过两天却连1两米也买不到了。就在他逐渐懂得怎样赚钱的时候,他似乎又觉得钱只是钞票没用。

银庄的经历使他最熟悉兑换业务,于是他开始买卖外汇和黄金。当时澳门有黄金专营权,李兆基便与何贤等在澳门有一定势力的人合作,在黄金买卖中大展手脚,终于赚得了第一笔财富。

"从小没钱,一心想发财,走路都在想如何捡到钱。"这是霍英东的心里话。

霍英东7岁时,父亲因病去世,养活一家人的重担落在了柔弱的母亲肩上。日军侵华,读至初三的霍英东只好辍学,从此加入苦力行列,为生存而

第八章
与时俱进，为你的优势"保鲜"

苦苦挣扎。后来，他回忆说："我第一件差事是在一艘渡轮上做加煤工，但因我工作不称职，他们把我辞退了。其后，日本人开始扩展机场，我在那儿当苦力，每天有7角半工资和半磅米配给。"而如果他乘电车、过海，再乘巴士到机场，往返的车船费都得8角，这样就等于一天白干。于是，他只有每天早晨5点钟起床，步行到码头，花1角钱过海，再骑自行车到机场去，这样一天就能省下5角半。

一个人，如果被生活逼到绝处，要么彻底萎靡不振，要么更加倔强、更加顽强。霍英东显然属于后者。饥饿没有使他屈服，反而更激发了他对美好生活的渴望。饥饿也加强了他的金钱意识，因为他要生存，要活得更好。

正是凭着这一强烈的赚钱欲望，霍英东通过不懈的努力和拼搏，最终实现了成为富豪的梦想。

迈克尔·戴尔的童年没有霍英东那样困窘，他出生在美国休斯敦一个比较殷实的家庭，父母希望他能够成为一名医生。但戴尔对医学没有一点兴趣，而商业却像磁铁一样深深地吸引着他。12岁时，他通过邮购目录、销售邮票，赚了2000美元；高中时，他从各种渠道寻找最可能的潜在客户，向他们推销《休斯敦邮报》，使平淡无奇的卖报工作成了赚钱的好差事。他利用自己努力赚来的钱买了一部宝马车。看着这个用自己挣来的现金购买车子的少年，车行老板不禁目瞪口呆。

顺从父母的意愿，1983年戴尔高中毕业后，进了奥斯汀的得克萨斯大学学习生物，但他却醉心于计算机。当时，他感到市场对个人电脑的大量需求并未得到充分满足；而零售商店的个人电脑售价过高，且销售人员对电脑不是一窍不通，就是一知半解。针对这种状况，戴尔想出了一条赚钱的好路子：通过电话订购向客户直接出售按客户要求组装的电脑。于是，戴尔说服一些零售商将剩余的电脑存货以成本价卖给他。接着，戴尔在电脑杂志上刊登广告，以低于零售价15%的价格出售个人电脑。此后，订单如潮，戴尔也开始在他的大学宿舍里组装电脑。当愤怒的室友将他的零件堆在门外，不让他进门时，戴尔知道他不应该再在学校待下去了。1984年春，戴尔离开校园，用自己的积蓄办了一家电脑公司。他向父母保证说，如果生意没有立即成功,他将在秋天重返校园。

第一年,公司销售收益600万美元,此后,他的公司一直是全美发展最快的公司之一,迈克尔·戴尔也成了家喻户晓的"神奇小子"。1993年,戴尔公司的销售额突破20亿美元,公司股票成了华尔街投资者最抢手的高科技股之一。

这就是欲望的力量!强烈的成功欲望,能促使一个人发掘出连他自己也没有发现的自身优势,并将这种优势发挥得淋漓尽致。

2.居安思危,不断学习才能跟上时代潮流

一只野狼卧在草上勤奋地磨牙,狐狸看到了,就对它说:"天气这么好,大家都在休息娱乐,你也加入我们队伍中吧!"野狼没有说话,仍旧继续磨牙,把它的牙齿磨得又尖又利。狐狸奇怪地问道:"森林这么静,猎人和猎狗已经回家了,老虎也不在近处徘徊,又没有什么危险,你何必那么用劲磨牙呢?"野狼停下来回答说:"我磨牙并不是为了娱乐,你想想,如果有一天我被猎人或老虎追逐,到那时,我想磨牙也来不及了。而若平时就把牙磨好,到那时就可以保护自己了。"

做事未雨绸缪、居安思危,这样在危险突然降临时,才能应付自如,不至于手忙脚乱。时代发展的这样迅速,不想让时代淘汰,就必须不断地学习新知识,才能让自己跟上前进的步伐。

在一个漆黑的晚上,老鼠们出来觅食。小老鼠们来到了一家人的厨房内,垃圾桶中有很多剩余的饭菜,对于老鼠来说,就好像人类发现了宝藏。

第八章
与时俱进，为你的优势"保鲜"

正当一大群老鼠在垃圾桶及附近范围享受美餐时，突然传来一阵令它们肝胆俱裂的声音，那是一只大花猫的叫声。它们震惊之余，更各自四处逃命，但大花猫毫不留情，不断穷追不舍，终于有两只小老鼠走避不及，被大花猫捉到。正当大花猫将它们吞噬之际，突然传来一连串凶恶的狗吠声，令大花猫手足无措，狼狈逃命。

大花猫走后，老鼠首领施然从垃圾桶后面走出来说："我早就对你们说过，多学一种语言有利无害。"

多学一些知识百益无害，等到关键的时候，你就会发现，知识的力量真的是无穷大。

"桥吊专家"许振超说过一句话："一个人可以没有文凭，但不可以没有知识；可以不进大学殿堂，但不可以不学习。"越学习，越发现自己的不足。也唯有不断地学习，才能提升自己的修养和素质，扩展工作的知识和广泛的常识。通过学习，可以总结经验、吸取教训，以应对变幻莫测的社会。

不论你做什么工作，只要身在其位，就要做得比其他人更专、更精。要做到这点，就要不断地学习。学习的内容不应局限于某一方面，要做到广泛涉猎、去芜存菁，大至修心养性，小至生活常识，只有预先打下坚实基础，才能在工作中得心应手。

如果你在工作中感到困难，那就是你的能力不足；如果觉得麻烦，那就是方法没用对。无论能力不足还是方法不对，解决的最终方式都是学习和领悟。

学习不应刻意追求，而应成为自己生活中的需要，不能依赖于单位的培训，也不能依赖于外部条件的监督，关键在于内心的认同。

通过学习，你会知道人的潜力是巨大的，很多自认为不可能的事情，通过不断学习、努力追求，是可以变成现实的。

有个老人在河边钓鱼，一个小孩在旁观看。老人技巧纯熟，所以没多久就钓上了满篓的鱼，老人见小孩很可爱，便想把整篓的鱼都送给他，但小孩却摇头拒绝了。老人惊异地问道:"为何不要?"

小孩回答:"我想要你手中的钓竿。"

老人问:"你要钓竿做什么?"

小孩说:"这篓鱼没多久就吃完了,要是我有钓竿,我就可以自己钓,一辈子也吃不完。"

看到这里,可能有人会觉得这孩子很聪明,其实不然,他如果只要钓竿,那他一条鱼也吃不到。因为,他不懂钓鱼的技巧,只有鱼竿有什么用,钓鱼重要的不在"钓鱼的鱼竿",而在"钓鱼的技巧"。

有太多人认为自己已经拥有了人生道上的钓竿,再也无惧于路上的风雨,因此,难免会跌倒于泥泞地上。就如小孩看老人,以为只要有钓竿就有吃不完的鱼;像职员看老板,以为只要坐在办公室,就有滚滚的财源。其实不是的,他们的成功在于他们有足够的智慧,而且他们也在不断地学习。

生命是罐头,胆量是开罐器,要握着有胆量的开罐器,才能打开生命的罐头,品尝到里头的甜美滋味!

你要这样子过一辈子吗?这样的生活能让你实现梦想吗?你想让家人过更棒的生活吗?再高级的奔驰汽车都会在后车箱里放置一个备胎,你的人生当中是否已经找好了你的备胎呢?

眼前是一帆风顺,但是如果你可以在得意的时候先想出退路,你就不会在失意的时候,急急忙忙地去找寻出路。

"想知道一个人会有什么成就,可以看他晚上的时间在做什么。能够善用7~10点钟的人,他的成就将比一般人高出两倍。"这是日本的经营之神松下幸之助先生曾经说过的一句话。有人说:"第一等人,是创造机会的人;第二等人,是掌握机会的人;第三等人,是等待机会的人;第四等人,是错失机会的人。"您是第几等的人呢?没有人能够预知明天会怎样,为未来预先准备才是当务之急。

中国近代史上的风云人物曾国藩建立了自己的不朽功业,但他的天赋却不高。在取得功名之前,有一天,曾国藩在家读书,一篇文章重复了不知道多少遍,但还是背不下来。这时候,他家来了一个小偷,潜伏在他家的屋檐下,希望等曾国藩睡觉之后再行动。可是等啊等,曾国藩就是不睡觉,仍旧翻来覆去地读那篇文章。小偷大怒,跳下梁来说:"这种水平还读什么书?"然后将那文章背诵一遍,扬长而去!

小偷是很聪明,至少比曾先生要聪明,但是他只能成为小偷,而曾国藩却凭借自己的勤奋苦读,成就了自己在中国历史上的丰功伟业。伟大的成功和辛勤的劳动是成正比的,有一分劳动就有一分收获,日积月累,从少到多,奇迹就可以创造出来。

对一个人来说,才能的养成需要后天的勤奋学习。对一个企业来说,它的竞争力和优势同样在于不断地学习。通用电气公司(GE)能成长为一家世界顶级的企业,靠的就是不断地学习,不断地以全球公司为师。

在韦尔奇执掌GE的20年里,GE的发展达到了很高的高度,但韦尔奇却一直强调GE是一个无边界的学习型组织,一直以全球的公司为师。他经常强调说:"很多年前,丰田公司教我们学会了资产管理;摩托罗拉推动我们学习了六西格玛管理;思科和Trioloy帮助我们学会了数字化。如此,世界上的商业精华和管理才智都在我们手中,而且,面对未来,我们也要这样不断追寻世界上最新最好的东西,为我所用。"

GE之所以能成为赫赫有名的"经理人摇篮"、"商界的西点军校",除了严格的人才淘汰体制,最重要的就是这种无边界的学习型组织。在这样的组织下,每一个经理人无时无刻不在自觉地精心雕刻自己,从专业知识到职业技能,从管理手段到说话方式,从画好一张表格到接好一个电话、写好一份电子邮件,再到日常生活的一点一滴,他们随时能够接受更高的挑战。正是因为坚持不断的学习,才使GE能以最好的姿态和实力去迎接市场的挑战,从而创下了连续20年盈利的辉煌。韦尔奇的这些管理原则,不但使GE成为强大而备受尊敬的公司,也为管理界留下了很好的典范。

在竞争越来越激烈的市场环境下，一个企业只有不断地接收新的资讯、技术和管理理念与方法，才能保证取得竞争的胜利。而要做到这一点，不断地学习是最重要和最佳的途径。

20世纪80年代晚期，Rover陷入了发展的困境之中：内部管理混乱，产品质量江河日下，劳资矛盾恶化，员工士气低落，每年的亏损超过一亿美元。在许多人看来，公司的前景一片黯淡。而仅仅是几年之后，Rover摇身一变成了全球最富生命力的汽车制造厂商之一，汽车全球销量几乎扩大了一倍；产品的质量也极为优异，几乎囊括了业界所有的质量奖。它的豪华系列车型一跃成为新的"马路之皇"，而Rover600则跻身世界最畅销的汽车排行榜。在北美和亚洲，其产品供不应求。到1996年，年产汽车达到500多万辆，销往全球150多个国家和地区，年销售额超过80亿美元。在全球汽车市场刚刚复苏的1993~1994年，Rover的销售额竟增长了16%，不仅一举扭转了巨额亏损，而且盈利颇丰，人均创收增长了4倍！与此同时，员工的满意度和生产率也创历史新高，并且持续高涨。这与几年前的境况简直是天壤之别，为什么？

Rover重振雄风的秘诀，就在于公司领导层致力于让公司成为学习型组织的努力。20世纪80年代末期，格林汉·戴维被任命为Rover集团董事会主席。上任伊始，他就深切地感受到了全球汽车业动荡的环境给Rover带来的巨大压力：日益激烈的全球竞争、新技术日新月异、高素质人才的匮乏以及顾客对产品的挑剔等。戴维和其他高层管理者认为，面对群雄纷争的全球汽车市场，Rover这只小鱼如果游不快，就会葬身鱼腹。因此，只有奋力拼搏，才能有望在激烈的市场竞争中得以生存和发展。凭着对企业的透彻了解和远见卓识，戴维先生认为，除了成为学习型组织，不断充实和更新自己，Rover别无选择。正是在戴维的领导之下，Rover对旧体制进行了彻底的改造，使公司摇身一变成了全新的学习型组织，从而实现了自己业绩的飞跃。

根据有关机构的统计研究,大型企业的平均寿命不及40年。总结正反两方面的经验,人们发现,大部分公司失败的原因在于组织学习的障碍,这严重妨碍了组织的学习及成长。对一个企业来说,在竞争激烈的市场中,比竞争对手学得更快的能力是唯一持久的竞争优势。只有在学习中,才能全面提升竞争力,建立市场优势,使自己立于不败之地。

学习是一生的事情,周恩来总理曾说过"要活到老学到老"。一个不断追求知识、超越自己的人才能永远年轻,生命才会更有意义。不管我们的人生位置是至高无上抑或低微无比,只要执着地付出,坚持不懈地追求,我们每个人都能够焕发出自身的风采!

3.安于现状,优势终变劣势

知识的爆炸和科学技术的飞速发展,使得知识的更新越来越快,知识的折旧与贬值也越来越快,这意味着学习比任何时候都重要,不学习就要落后。哲学家苏格拉底有一句名言:"我们所知道的,就是自知自己无知。"因此,我们必须与知识的折旧与贬值赛跑,不断去充电,增长才能,培养出自己的优势,只有与时俱进,你才能永立潮头。

美国比彻在《出自普利茅斯道坛箴言》中说道:"当一个国家的青年人都因循守旧时,它的丧钟便已经敲响了。"这就是安于现状导致的严重后果。

安于现状,只会使你丧失获得更卓有成就的机会,最终使你所处的优势变成劣势。

秦代大政治家李斯虽然出身下层,地位卑微,但是他不安于生活的现状,发誓要改变自己的生活环境和卑微的地位。凭着他智慧的头脑,又经过一番艰苦奋斗,他的确成功了,赢得了"秦之文章,李斯一人而已"的美名。

千万不要一味地认为"我没有机会",美国总统林肯就是一个很好的例子。林肯这位生长在穷乡僻壤茅舍里的孩子,怎会进了白宫,成了美国总统?而同一时代的那些生长在有图书馆和学校的环境中的人,其成就反不如茅舍里的穷苦人,这又如何解释呢?那些出生贫苦的人们,有的还不是做了大金融家、大银行家、大企业家、大商人?那些大商店和大工厂,有许多不就是由那些"没有机会"的人们靠着自己的努力而创立的吗?

人要活下去是严峻的,但既然走上了人生这条路,我们就要一直追求下去,而安于现状恰恰是我们人生中最大的敌人。安于现状使人产生恐惧心理,让人失去对生活的勇气和信心。

机会对每个人都是公平的,之所以有平庸的人,是因为他们满足于现在的生活,机会降临也不去把握,好位置就只好让他人捷足先登;而那些成功的人绝不会找这样的借口,他们不等待机会,不安于现状,也不向亲友们哀求,而是靠自己的苦干努力去创造机会。

美国康奈尔大学的生物学教授做了一个著名的实验叫作"煮青蛙"。

实验是这样的:先把一只青蛙丢进煮沸的水中,由于青蛙反应灵敏,在千钧一发之际,它用尽全身力气跳出了水锅,安全地逃生了。

30分钟后,教授们又使用一个同样大小的铁锅,不同的是,这次在锅里先放满了冷水,然后把那只曾经死里逃生的青蛙再放进去。这只青蛙在锅里并没有像第一次那样跳出来,而是欢快地表演着它的游泳技巧。接着,他们不断地将水加热,而这只青蛙却不知道大祸即将降临,依然在水中自由自在地游来游去。当它感到情形不对时,为时已晚,它欲跃乏力,全身瘫软,只好呆呆在躺在水里,最后终于翻起了白肚皮——死了。

由上面的这个实验可以看出安于现状是非常可怕的,缺乏危机意识是对自己的生命不负责任。不管你扮演什么角色,不管你现在多么成功,也不

第八章
与时俱进，为你的优势"保鲜"

管你现在所处的环境多么舒适，都必须主动改变自己，以应对环境的变化。

如果人安于现状，孔子也许只能是鲁国一个管理钱库财粮的小官，不会成为一个受万人推崇的"圣人"；如果人安于现状，司马相如也许只能是一个酒店老板，不会因"洛阳纸贵"而名噪一时；如果人安于现状，毛泽东也许就只能是北京大学的图书管理员，而不会引导中国革命走向胜利，更不会成为开国元勋。

安于现状，会觉得生活一路平坦，道路平坦了，心中就不会有高远的目标。只有不安于现状，多些不安分的想法，在崎岖道路上行走，才能磨炼一个人的心志！心志才是成功的关键。

"不安于现状"是最有智慧的做法，它让你将眼光放远，注视未来，而不再仅仅局限于当前的状况。

有一位摩洛哥裔的富豪，由于他的故乡很贫困，因此他每年都要给自己的故乡捐很大一笔钱，以至于家乡的一些人过着无忧无虑的生活。这样一直持续了十几年，摩洛哥国王为了表彰他的贡献，决定给那位富豪颁发国家勋章，但是那位富豪却拒绝了这项国家最高荣誉，而且从那以后，他再也没有为家乡捐过款。是什么原因让他这么做的呢？其实原因很简单，有一次富豪出去旅游，在海滩上发现渔民在卖螃蟹。这些螃蟹可不是一般的螃蟹，它足足有盘子那么大，他发现这种螃蟹与他以前见过的一种小螃蟹很像，就问渔民这种螃蟹的名字。令他惊讶的是，那居然是同一种螃蟹，可是他见到的那种螃蟹都只有拇指大小。原来，这种螃蟹一般出生在海边的浅湾里，每次海潮来的时候都会带来一点食物，然而由于食物稀少，螃蟹只能长到拇指那么大；但是如果气候变化，浅湾干涸，螃蟹就不得不奋力游向深海，那里有充足的食物，螃蟹自然能长到盘子那么大。从此，富翁再也没有为家乡捐过款。

每个人都有一定的安全区，你想跨越自己目前的成就，就不要划地自限。只有勇于接受挑战，充实自我，你才能超越自己，发展得比想象中更好。

没有危机才是最大的危机,安于现状是最大的陷阱。只有不安于现状,多一些生活的经历,才能经得住风雨的考验,让生活多姿多彩!

4.主动迎接变化,不断更新自己的优势

我们常说,人类因梦想而伟大。正是因为人类不断有新的梦想,为了实现这些梦想,人们发明了很多工具,人类社会才得以一步一步的不断向前发展。

当人们觉得步行很慢时,有人发明了牛车、马车、火车、汽车、飞机;当人们觉得双手不够用时,有人发明了锤子、锄头、机器、生产线等;当人们觉得眼睛看得不够远、不够清楚时,有人发明了眼镜、望远镜、电视;当人们觉得说、听有很多不便时,有人发明了留声机、固定电话、手机;当人们觉得脑袋不够用时,有人发明了珠算、电脑……

人们不断地发明新工具,以满足自己的需求、实现自己的梦想,同时也不断地推动着整个人类社会向前发展。可以说,人类社会的进步史就是一部工具的进步史。我们只有更新知识、更新技能、改变观念、改变思维,才能改变人生!

要在激烈的社会竞争中保持自己的优势竞争地位,就要不断学习、不断提高、不断扩大自己的知识面,为自己充电。

人的一生,按成长的时间段来划分,大体可以分为三个阶段:四分之一的时间为学习阶段,四分之二的时间为工作阶段,还有四分之一或更多一点的时间为退休生活阶段。人生的任何一个阶段,要过得快乐,过得有价值,就必须与时俱进,修订各个不同阶段的价值观、目标值。

在学习阶段,主要任务是汲取知识,学习做人的基本道理,学会做事的基本技能。在这个阶段,只要学习好,你就会快乐。到了工作阶段,你的任务

第八章
与时俱进,为你的优势"保鲜"

就是实现自己的理想和抱负,充分展示自己的才华,施展自己的全部潜能。在成绩面前你会快乐,在荣誉面前你会感到人生的价值,奋斗过程中所遇到的烦恼都将被抛到九霄云外。无论是哪个阶段,你都要与时俱进,不断地更新知识,让你的优势"保鲜"。

任何优势都具有变化性和比较性。也许原来你并没有多少优势,但随着事物的发展,你的优势就可能变得多起来;可是现在是优势,将来也许就不是优势,在一定范围内是优势,在更大范围中就可能不是优势。所以,要发现自己的优势就要具有辩证的思维和与时俱进的观念。优势是可以创造和创新的,只有不断创造优势才能不断形成新优势。只有发现自己的优势并利用它,把它发展到最佳状态,才能在竞争中取胜。

要想恰当使用优势,首先要永葆优势。时代在前进,社会在发展,过去的优势到了现在未必仍是优势,现在的所拥有的优势在将来也未必一定是优势。所以,不能躺在优势的温床上睡大觉,停留在已有的优势上,必须去除优势中的杂质,将已有优势不断优化;同时,还必须努力在优势创新上下功夫,在优势开拓上做文章,不断吸收新鲜血液,充实现有的优势,进而使优势变得更纯、更优,为成功奠定基础。其次,必须扩大优势。一方面,要不断去除劣势之"劣",加入优势之"优",将劣势转化为优势,充实已有的优势。另一方面,要扩大已有优势的范围,扩充已有优势的阵营,力图形成更大的阵营,产生更大的阵势。最后,必须善用优势。永葆优势也好,扩大优势也罢,其目的都是善用优势。只有善用优势,才能走向成功。

要想善用优势,一要灵活,要随着事物的变化而变化,随着事态的发展而发展,如此才有成功的希望;二要巧用,猛打猛冲并非一无是处,但要想获得更大成功,就必须讲究巧劲,以巧劲取得成功,以智慧谋取胜利;三要用足,只有用足优势,才能获取最大胜利,谋取最大成功,否则,就可能造成优势的浪费。

时代总是在不停地前进,你的优势也要随着时代的变化而变化,你不要断地更新自己的优势,让优势永远保持"新鲜"。

5.激活创新的意识,突破常规的路线

创新的成功,总是孕育着创新者的强烈创新意识。要想摆脱传统观念和习惯思维的局限,就要鼓励自我打破思维禁锢,突破常规的路线,挑战假设的局面,激活创新的意识。

并非只有出类拔萃的人才有创新的意识,才能把握成功,普通人也一样能通过创造来获得成功和财富。每个人都有自己的创新意识,有些只是处于隐蔽状态,未曾开发出来而已。因此,只要敢于突破常规、敢想敢干,普通人一样能够突破自我。

哈姆威原是出生于大马士革的糕点小贩,1904年在美国路易斯安那州举行的世界博览会期间,他被允许在会场外出售甜脆薄饼,他的旁边是一位卖冰淇淋的小贩。夏日炎炎,冰淇淋卖得很快,不一会儿,盛冰淇淋的小碟便不够用了。忙乱之际,哈姆威把自己的热煎薄饼卷成锥形,交给卖冰淇淋的小贩充作小碟用。结果,冷的冰淇淋和热的煎饼巧妙地结合在一起,受到了意外的欢迎,被誉为"世界博览会的真正明星",获得了前所未有的成功。这就是今天的蛋卷冰淇淋。

克兰是一个专售巧克力的商人。他每到夏季便苦闷异常,因为巧克力会变软,甚至融化,销售量也会急剧下降。他苦思冥想,制造出了一种专供夏季消暑用的硬糖,形状上一改块状、片状形,而压制成小小的薄环。1912年,他正式批量生产这种命名为"救生圈"的具有薄荷味的硬糖,颇受市场欢迎,畅销不衰。

克鲁姆是位美国印第安人,他是炸马铃薯片的发明者。1853年,克鲁姆在萨拉托加市的高级餐馆中担任厨师。一天晚上,来了位法国客人,他吹毛求疵,总挑剔克鲁姆的菜不够味,特别是油炸食品太厚,无法下咽,令人恶心。克鲁姆气愤之余，随手拿起一只马铃薯，切成极薄的片，扔进了沸油锅中。他自己品尝了几片，发现味道香酥可口。不久，这种金黄色的具有特殊风味的油炸土豆片，就成了美国特有的风味小吃而进入了总统府，至今仍是美国国宴中的重要食品之一。

戈德曼是超级市场的购物推车的发明者。1937年，他在俄克拉荷马越超级市场观察到顾客各个挎着、背着装满物品的筐和口袋，排着队等待着结账。于是他灵机一动，试制了一辆四轮小型推车，结果深受消费者和超级市场老板的欢迎，他因此而获得了发明专利。

当人们麻木地陷入思维定势的泥沼中，往往会不由自主地停止对自我的思考，并形成一种不去创新的态度和思维方式，使得事情的发展缺乏突破与创新。

有的人在无意识惰性思维状态中生活，而没有自我察觉，他们习惯于接受一些看起来顺理成章的事实，而不动脑筋去思考，如同生活这部大机器的一个机械零件，泯灭了个性，没有了生的灵感和激情。这种人就进入了思维的误区。

榆树村的王成把自己种的600公斤大葱拿到集市上去卖，可由于大葱大丰收滞销，卖了一天也没卖出去。这时，走来一个买葱人说他只喜欢吃大葱的叶子，不想买葱白(葱茎)，如果王成愿意卖，这600公斤大葱他全包下了。

王成犹豫了。他想：把葱叶子用刀切下，葱白卖给谁呢？

正巧，这时又走来一个人，说："我这个人就爱吃葱白，不愿吃葱叶子，只买你葱白，你卖吗？"

王成大喜说：可以，我这大葱6角钱一公斤，你二位全包下吧！"

第一个买葱人说："我买大葱叶子3角钱一公斤，你买大葱白也3角钱一公斤，咱俩各花3角钱，给他6角钱一公斤。"王成急于将葱卖出去，就把600公斤大葱用刀切开了。

第一个买葱人说:"这葱用刀切开,可能要损失一点分量,我们再补你一点钱吧。"王成说:"既然是真正的买主,那点损失也没什么,就不用补了。"他想,两人各给3角钱,还是合6角钱一公斤,而且又将600公斤大葱全部卖出去了,也是不错的。

三人成交后,王成高高兴兴地回了家,可仔细一算,600公斤的大葱只收了300公斤的价钱,怎么想怎么不对劲,可又说不出这些葱怎么只卖了一半的价钱。

从上面这件事情,我们可以看出惰性思维所产生的糊涂结果。卖葱人不知道自己吃了大亏,而买葱人也不知道自己占了大便宜,这就是糊涂买糊涂卖。

王成只想两个人各付3角钱还是合成那6角钱一公斤,用刀将葱分成两段,分量上是会有些损失,可怎么也损失不了一半呀,600公斤怎么只卖了300公斤的价钱呢?

如果王成能从惰性思维中醒悟过来,多想一想,不要被两个人各付3角钱等于6角钱的假象所蒙蔽,他就会发现,大葱用刀切开后变成了3角钱一公斤,而没有刀断开之前,大葱的叶子和葱茎的价值都是6角。可问题是他不愿多想,这就是惰性思维带来的不良后果。

日常生活中有很多值得思考的问题,但人们天长日久地形成了惯性思维,由此又发展成惰性思维。

惰性思维就是不思考,也不愿思考,或者简单地想一下就算了,久而久之,大脑就会处于半停滞状态。

有位漂亮的姑娘,求亲的人很多,可都没有求成。有一位小伙子的父亲来央求,姑娘的母亲说,姑娘的彩礼很简单,就是要求你家第一天只送1分钱,第二天送2分钱,第三天送4分钱,以此类推,送满一个月,就完婚。

小伙子的父亲欣然同意,这彩礼太简单了,于是就每天送钱。可送了半个月,小伙子的父亲就发觉再也送不下去了,后来仔细一算,一个月要送10

万多元钱。

这就是惰性思维。他只想到一分钱，觉得一分钱别说送一个月，就是一年也没多少钱，结果却不是那么简单。

可见，不愿思考或只作短暂思考，就会自然地形成一种无意惰性，是不行的。敏锐的思维、长远的思维、立体的思维在生活中非常重要，因此，我们必须避开思维的误区，绝不让惰性思维误导我们的判断力。

松下幸之助曾经说过："今日的世界，并不是武力统治而是创新支配。"只要勇于打破常规，再加上自己独特的创新意识，那便是一把成功的魔杖。美国的格林斯潘，拿着自己的金融"魔杖"，掌握着全球金融风暴。纵观格林斯潘自传，他就是敢于打破世俗，靠自己独特的创造力登上了"金融沙皇"的宝座。还有著名的洛克菲勒家族，曾利用自己的"魔杖"建立了"托拉斯帝国"。洛克菲勒打破了过去的垄断方式，使自己的实力范围扩展到了全美。

创新的意识来自于生活，它并不神秘，相反，人人都可以做到。一切成就与财富都来自于创新的意识，你要做的就是充分发挥思考的能力，激活创新的意识。努力去做，你一定会成功。

6.找到激情，扭转停滞的人生

你还需要一剂扭转停滞人生的良方，那就是：找到激情，找到愿意为目标而疯狂努力的动力。如果缺乏这个催化剂，一段时间过后，你又会回到贫穷的原点。

问问你自己：什么事能够让你赴汤蹈火在所不惜？你是否曾经为了实现愿望而努力拼搏？

如果回答这两个问题很困难，那就意味着你已经没有年轻时那种能够让你抛弃一切实现理想的激情，也失去了做梦的能力。不过，不用灰心，让心情平静下来，到一个安静的环境里，然后试着描绘想拥有的东西、想去做的事与想成为的人的影像，反复练习，直到影像清晰，你就能再次找回激情的力量。

内心不渴望的东西，不可能靠近自己，也就是说，你能够实现的，只能是你自己内心渴望的东西，如果内心没有渴望，即使很容易也实现不了。

穷人的穷就穷在没有持久的激情和渴望上。减肥是三分钟热情的激动；遇到商场打折促销也是瞎激动，好像自己占了很大便宜，可是直到发现商场的东西总是打折促销才明白自己被忽悠了。醒醒吧，不要把目光放在短浅的蝇头小利上，不要再为无聊的小事情瞎激动雀跃了，是时候认真寻找一份真正的激情和渴望，并为之努力奋斗和拼搏了！

沸腾的开水中，似乎每一个水分子都在争相跳跃，不断向上，人的心态也应该如此，每一滴血都应该沸腾起来。湖水如果永远都平静无波，那就成了一潭死水；人生如果永远不能沸腾起来，那么人也如同死去一般，生与死都已经没有分别。

有一部电影叫《沸腾的生活》，讲述了一个关于罗马尼亚人自力更生造船的故事。罗马尼亚自行制造的5.5万吨矿砂船，试船时因螺旋桨叶片破裂而失败。造船厂厂长科曼决定发扬自力更生的精神，想要凭着自信和一腔热血，依靠工人和技术人员重新铸造。但这项决定并没有得到上级的支持，上级认为他们没有实力，不会成功，所以不支持他的试验。而面对重重困难，科曼没有放弃，而是怀着莫大信心，坚忍不拔，最后终于铸出了大型螺旋桨，试航也大获成功。

成功者总是在沸腾的热血中生活，他们不甘于平凡，不相信失败，一旦决定要去做就会勇往直前地去尝试。

第八章
与时俱进，为你的优势"保鲜"

露丝·汉德勒这个名字也许我们并不熟悉，但是提起她的"孩子"芭比娃娃，却会引起无数小朋友的尖叫。芭比娃娃承载了全世界女孩儿的"公主"情结：漂亮的身材、都市女郎的品位、各种令人羡慕的职业、健康的生活方式，还有年轻痴情的男友和世界各地不同种族的朋友。而芭比娃娃的诞生和露丝的激情创造是分不开的。

当时，露丝已经有了一个女儿，作为一个母亲和一个做玩具的商人，她十分重视孩子们的想法。一天，她突然看见女儿芭芭拉正在和一个小男孩玩剪纸娃娃，这些剪纸娃娃不是当时常见的那种婴儿宝宝，而是一个个少年，有各自的职业和身份，让女儿非常沉迷。"为什么不做个成熟一些的玩具娃娃呢？"露丝脑中迸发出了灵感，也燃烧起了无限的激情。

但实现的路程却是艰辛的。在芭比娃娃诞生之前，美国市场上给小女孩玩的玩具大多都是可爱的小天使，胖乎乎的，类似著名童星秀兰·邓波儿的银幕形象，这是大人对孩子们玩具的想象。但从大孩子们的兴趣来看，这种玩具却略显稚嫩，他们需要的是跟自己年龄相仿的玩伴，而不是一个小宝宝。

到底要把自己的娃娃做成什么样子呢？露丝苦苦思索。正好这时，露丝到德国出差，在那里，她看到了一个叫"丽莉"的娃娃。丽莉十分漂亮，首制于1955年，是照着《西德时报比尔德》中一个著名卡通形象制作的。丽莉是用硬塑料制成的，高18~30厘米；她长长的头发扎成马尾拖至脑后，身穿华丽的衣裙；身材无可挑剔，穿着也很暴露。

于是，露丝买下了3个"丽莉"，带回了美国。她告诉公司的男同事，自己想设计出一种成熟的玩具，但是他们认为"丽莉"的衣着太暴露了，是满足男人幻想的产物，并不适合给孩子们，所以他们并不赞同这种想法。

可是露丝并没有气馁，她想：为什么我不能将这两点结合起来呢？孩子们需要的是一个长大的但不暴露的娃娃。小女孩不光需要与自己年龄相仿的玩偶，更需要一个她长大后的理想形象。于是，"芭比"的样子在露丝的脑子里越来越成熟。在公司技师和工程师的帮助下，芭比娃娃就这样诞生了！

凭借自己的热情，露丝又请了服装设计师夏洛特·约翰逊为芭比设计服装。1958年,他们获得了生产芭比的专利权。这种娃娃完全改变了一个时代,她与以往的娃娃都不一样。她是个大人,四肢修长,清新动人,姣好的身材紧紧包裹在漂亮的衣服下,脸上流露着玛丽莲·梦露般的神秘表情,显得成熟又可爱。正是这个芭比娃娃成就了露丝,使她成为了"芭比之母",获得了巨大的成就。

我们总是羡慕那些名人现在所取得的成就,却不去学习他们的精神。我们沸腾不起来,因此总是想不到那些富人在多年前也和自己一样穷,一样受人嘲笑,不被别人重视。

从常熟师范到北大,从大学教师到中国最富有的教师,从新东方到计划创建中国最高质量的私立大学,这是俞敏洪到目前为止的人生经历。作为中国第一家在纽约证交所上市的教育机构,新东方催生了数千名身价过亿元的教师。可是俞敏洪也曾是一个被人遗忘的学生。那时,因为在大学三年级患肺结核病休一年,俞敏洪从北大的1980届级转到了1981届,结果1980届和1981届的同学几乎都把他忘了。当时有同学从国外回来,1980届的拜访1980届的同学,1981届的拜访1981届的同学,却没有人来看俞敏洪,因为两届的同学都认为他不是他们的同学。那时候的俞敏洪感到非常痛苦、悲愤、心酸。

也许就是这种同学的忽略和不重视,点燃了俞敏洪心中的沸腾之火,他忽然明白了,你自己没有一腔热血,不沸腾起来,不努力做到最好,谁会记得你呢?你的人生就像是死水一样不泛起波澜,别人怎么会注意到你呢?要想让别人看得起,就得先让自己沸腾起来,投入到生活中。

明白了这个道理之后,俞敏洪就再也不责怪那些同学了。现在,1980届和1981届两届的同学都承认俞敏洪是他们优秀的同学。

如果没有这种对事业的热情和沸腾的激情,情况会是什么样子呢?身边有没有许多这样的人:害怕失败,所以不敢尝试;受到歧视和鄙视的时候不敢反抗,只会默默对自己说:"淡定,淡定,不要和他一般见识。"因为贫穷,从来不敢走进高档商场,偶尔遇到了势利眼的服务员,也只能对骂几句就劝说自己淡定生活,从此更不想去高档会所,把自己归入穷人的行列,把致富的希望寄托在下一代身上。可是,自己的人生为什么不自己去创造呢?想要开始很简单,只要从现在这一刻起,让自己沸腾起来,不管最后的结果如何,至少要不留遗憾地生活。

7.只为致富找方法,不给贫穷找借口

穷人有时候会习惯贫穷,也安于贫穷。他们不是没有过梦想,只是当尝试过几次失败之后,就渐渐害怕尝试、害怕失败,然后继续过现在的生活,并努力给自己找出守旧的理由,比如"我又没有一个好爸爸,当然比不过别人","生死有命,富贵在天,咱没有那个命,还是等来生出生在富贵人家算了",或者"富人也不见得会快乐,人怕出名猪怕壮,我这样平凡安稳生活多自在"……

这些都只是在为自己的贫穷找借口。你不是富人或者成功人士,怎么就知道那些人不快乐呢?当然,更不要把自己的失败归结到父母身上,因为事实证明,很多成功人士的家庭背景都很贫寒,他们也不是生下来就含着"金汤匙"。

正所谓"王侯将相,宁有种乎",出身并不能决定你的未来。

但是,还有谁记得当年陈胜、吴广的激情演说?现代社会没有阶级差别,没有森严的等级制度,人人平等独立,可是我们却越来越胆小,越来越喜欢强调自己和别人的差别,越来越否定自己的独立性和创造性,而把成功和富裕的原因都归结于外部条件。很多人戴着种族、血统、家庭背景等有色眼镜看别人,一个人成功了,大家不是感叹他的努力,而是找各种花边新闻,从而证明他的成功是因为借助了背景的优势;一个人成了罪犯,他的孩子也会抬不起头做人,因为大家都觉得小偷的孩子不会是好孩子,强奸犯的儿子也做不出什么好事来。

就像引人深思的印度电影《流浪者》中大法官拉古那特所说的:"法官的儿子是法官,贼的儿子还是贼。"他说得那样轻松自在、扬扬得意。他也是按照这种简单的毫无根据的逻辑判案的。他深信不疑地将没有犯罪的青年扎卡认定为有罪的人,把他送到监狱里,只是因为扎卡的父亲是一个强盗。然而现实就是那么无情,在法庭上,站在他面前的真正的贼拉兹,是他自己的儿子。当他确信这一切都无可辩驳时,他信奉了一辈子的信念在那一瞬间土崩瓦解。

贫民窟里的人就没有高尚的人格吗?达官贵人的孩子就一定是贵族吗?穷人的孩子就注定世世代代贫穷,永远没有出头的机会吗?当然不是这样。

一个人能成为什么样的人,重要的不是他的家庭背景和其他外部条件,而是他的内心。

如果富裕和成功真的是由外部条件决定的,那么马云也许到现在还只是街上一个送杂志的投递员。

当马云最早在国内到处宣讲他的"黄页"时,别人说他是骗子;当他喊出"要做全中国最好的企业"时,别人说他是疯子;当他执意要创办全世界最伟大的公司时,别人说他是狂人。然而,现在他是中国第一位登上《福布斯》杂志封面的企业家,他的阿里巴巴被评为全球电子商务第一品牌,他还是比尔·盖茨、克林顿和布莱尔的朋友。2000年,他被"世界经济论坛"评为2001年全球100位"未来领袖"之一;美国亚洲商业协会评选他为2001年度"商业领袖";2004年12月,他荣获CCTV十大年度经济人物奖。

这样功成名就的马云并非出身于显赫的家庭,也并非毕业于国外哈佛、牛津、耶鲁这样的名校,他甚至不是国内重点大学的毕业生。他和多数大学生一样,只是考上了一个一般的本科院校,而就连这个本科院校,马云也是考了3次才考上的。可以说,年轻时的马云似乎诸事不顺。

从初中到高中,马云除了英语成绩非常拔尖,其他学科成绩平平。严重的偏科导致他第一次高考,英语成绩全年级第一,数学却倒数第一。

马云高考落榜后,和表弟去一家宾馆应聘保安,结果,表弟被录用了,而马云却因个头矮被淘汰了。后来,马云找到了一个蹬三轮给杂志社送书的工作。沉重的体力劳动让他渐渐忘掉了高考落榜带来的痛苦,他甚至认为,那是适合自己的生活方式。但父亲却鼓励他说:"你每天踩20多公里路来来回回都不累,为什么就不能再走一遍高考的路呢?别人能考上,你比别人笨吗?"

马云的斗志被激发了起来:"是啊,为什么别人可以考上,我就考不上?我要参加第二次高考!"然而这次,他的数学只考了19分,总分和本科录取线差140分,第二次高考还是失败了。但他还是斗志昂扬,没有放弃,决定参加第三次高考。1984年7月,马云第三次参加高考的成绩依然离本科线差5分,但或许是他的坚忍感动了上苍,当年杭州师范学院本科没招满,他被录取了,还被调剂到了自己喜欢的英语专业。

如果没有那种昂扬的斗志,马云就不会有今天的成就,或许他还是过着蹬三轮送杂志的生活,和现在的很多年轻人一样,没有学历,没有能力,没有激情,只是日复一日地工作,抱怨现状,把失败归结于没有显赫的家庭背景。现在,我们不妨认真思考一下,自己是不是也有这样的心态呢?工作是做事情还是做事业?

人为什么要工作?劳动究竟为了什么?现在很多人已经丧失了对工作目标和意义的正确认识,他们心里不愿工作,但为了生存又不得不干。抱着这种心态,他们希望工作既轻松又能多赚钱,不想受企业的约束,只重视私人活动的时间,可是他们在私人的时间里也没有做什么有意义的事情,无非是吃喝玩乐或者什么都不做,只是睡觉。

有一个很有名的故事在经济学界广为流传,有人称之为"管道效应"。故事是这样的:

很久以前，在意大利的一个小村子里，有两位名叫帕特和布鲁诺的年轻人，他们是堂兄弟，也是最好的朋友。两人雄心勃勃，渴望有一天能通过某种方式，成为村里最富有的人。

一天，机会来了。村里决定雇两个人把附近河里的水运到村广场的水缸里去，这份工作交给了帕特和布鲁诺，两个人都抓起两个水桶奔向河边。一天结束后，他们把整个镇上的水缸都装满了。村里的长辈按每桶水一分钱的价格付钱给他们。

这在当时的确是份好工作，而且收入很高。有一天，帕特找到布鲁诺说："我觉得这份工作很好，但是你考虑过没有，当我们老了怎么办？我们病了怎么办？我们干不动了怎么办？我觉得我们应该挖一个管道把水引进村里来。"

布鲁诺听后说："你疯了，我们现在的收入多好啊！我算过，我们每天可以提100桶水，每桶水有1分钱的收入，我们每天有1元钱的收入。"在当时，1元钱是很大的数目。

接着他说："我们有这么好的收入，为什么要去冒那个险？我们现在的收入可以让我们隔一两个星期买一双皮靴；我们好好地干，几个月可以买一头牲畜，买我们需要的任何东西。我们为什么要去挖那个该死的管道？那个管道怎么挖？挖成了又会怎么样？挖不成怎么办？我不想去冒那个险。"

而帕特说："我去做。"帕特除了每天完成他的提水工作，还利用很多的业余时间，一寸一寸地挖他的管道。很多年以后，管道终于挖成了。这时的布鲁诺人也老了，背也驼了，提水也有点提不动了；而帕特管道里的水却源源不断地流入村庄。于是再也没有人去买布鲁诺的水了，布鲁诺又变成了穷人。

人对工作的态度大致可以分为三种：一种把工作当成职业，一种把工作当成副业，还有一种把工作当成事业。很显然，上述故事里的布鲁诺属于第二种人，得过且过，有吃有喝就够了，不会有心思作长远的打算；而挖管道的帕特则属于第三种人，不是为了工作而工作，而是努力工作并且完善工作，以求达到最好的结果。

对工作没有激情的人，不喜欢工作，厌恶工作，总是想浑水摸鱼逃避自己应尽的义务。而对工作充满了激情的人，却会将工作当成自己的事业，他们认为工作是"万病良药"，并且通过努力并充满激情的工作扭转了自己的人生。

著名棒球运动员杰克·沃特曼正是凭借着激情的工作，扭转了过去失败的人生，创造了一个又一个奇迹。

"当我退伍后，我加入了职业球队，但不久，我遭到了有生以来最大的打击——我被开除了。我的动作无力，球队的经理有意要我走人。他训斥我说：'你这样慢吞吞的，哪像是在球场混了20多年。杰克，离开这里之后，无论你到哪里做任何事，若不提起精神来，你永远都不会有出路。'"杰克回想起这段往事来，仍然对经理充满了感激，因为经理的训斥让他发现了自己的缺点，并决心要改正它。

杰克在职业球队的月薪是175美元，离开之后，他加入了亚特兰大球队，月薪减为25美元。薪水这么少，换作其他人，会更没有激情和干劲，但杰克想起经理批评他的话，决心努力试一试。待了大约10天之后，一位名叫丁尼密亭的老队员把他介绍到了罗杰斯曼顿镇。在罗杰斯曼顿镇的第一天，杰克的一生有了一个重大的转变。

杰克上场的时候，就好像全身带电一样。他强力地击出高球，使接球手的双手都麻木了。记得有一次，他以强烈的气势冲入三垒，那位三垒手吓呆了，球漏接了，他盗垒成功。当时气温高达华氏100度，杰克在球场上奔来跑去，极有可能中暑。但是他冒着酷暑，仍然保持激情的状态，烈日高照也一如既往。

这种激情的工作态度所带来的结果众人都有目共睹，杰克的球技变得出乎意料的好。同时，由于他的激情，其他队员也都兴奋了起来。第二天早晨，杰克翻阅当地的报纸时变得无比兴奋。《得克萨斯时报》写道："那位新加入的球员，无异是一个霹雳球手，全队的其他人受到他的影响，都充满了活力,他们不但赢了,而且是本赛季最精彩的一场比赛。"

由于真正将这份工作当成了事业,杰克的月薪由25美元提高到了185美元,多了约7倍。在后来的2年里,他一直担任三垒手,薪水加到了当初的30倍之多。原因在哪呢?用杰克的话说:"就是因为一股激情,没有别的原因。"

TIPS:测测你的抗挫折能力有多强

心理学上所说的挫折,是指人们为实现预定目标采取的行动受到阻碍而不能克服时,所产生的一种紧张心理和情绪反应。青年学生所遇到的挫折主要表现在学习方面和情感方面。学习方面主要包括:考试没考好,成绩下降,受到老师和家长的批评和责备;情感方面如:向自己喜欢的异性表示好感,却遭到拒绝,以及恋爱后不欢而散等。它是一种消极的心理状态,若不及时调整,会造成强烈的情绪反应,或者引起紧张、消沉、焦虑、惆怅、沮丧、忧伤、悲观、绝望……长期下去,这些消极恶劣的情绪得不到消除或缓解,就会直接损害身心健康,使人变得消沉颓废、一蹶不振,或愤愤不平、迁怒于人,或冷漠无情、玩世不恭,或导致心理疾病、精神失常,甚至轻生自杀、行凶犯罪。

心理测试题:

(1)在过去的一年中,你自认为遭受挫折的次数:

A.0~2次

B.3~4次

C.5次以上

(2)你每次遇到挫折:

A.大部分都能自己解决

B.有一部分能解决

C.大部分都解决不了

(3)你对自己才华和能力的自信程度如何?

A.十分自信

B.比较自信

C.不太自信

(4)你对问题经常采用的方法是:

A.知难而进

B.找人帮助

C.放弃目标

(5)有非常令人担心的事时,你:

A.无法工作

B.工作照样不误

C.介于A、B之间

(6)碰到讨厌的对手时,你:

A.无法应付

B.应付自如

C.介于A、B之间

(7)面临失败时,你:

A.破罐破摔

B.使失败转化为成功

C.介于A、B之间

(8)工作进展不快时,你:

A.焦躁万分

B.冷静地想办法

C.介于A、B之间

(9)碰到难题时,你:

A.失去自信

B.为解决问题而动脑筋

C.介于A、B之间

(10)工作中感到疲劳时:

A.总是想着疲劳,脑子不好使了

B.休息一段时间,就会忘了疲劳

C.介于A、B之间

(11)工作条件恶劣时,你:

A.无法工作

B.能克服困难,干好工作

C.介于A、B之间

(12)产生自卑感时,你:

A.不想工作

B.立即振奋精神去工作

C.介于A、B之间

(13)上级给了你很难完成的任务,你会:

A.顶回去了事

B.千方百计干好

C.介于A、B之间

(14)困难落到自己头上时,你:

A.厌恶之极

B.认为是个锻炼

C.介于A、B之间

评分分析:算算你的得分

(1)~(4)题,选择A、B、C分别得2、1、0分;(5)~(14)题,选择A、B、C分别得0、2、1分。

19分以上:说明你的抗挫折能力很强。

9~18分:说明你虽有一定的抗挫折能力,但对某些挫折的抵抗力薄弱。

8分以下:说明你的抗挫折能力很弱。

第九章

回顾失败，在过程中挖掘新的优势

失败给成功创造了机会，当你再度回到起点时，谨慎为之，并将注意力集中在过程上。利用这一方法，可使自己得到训练，当你再次出发时，便能有新的优势和新的进步。

1.敢想敢做是发挥优势的唯一捷径

敢想和敢做,是促使人走向成功的一对"孪生兄弟",二者相辅相成,缺一不可。任何人要想获得成功,首先必须敢想,也就是要敢于想象自己的未来,把自己的理想和目标提升起来,而不是退缩在一个蹩脚的、狭小的角落,卓越的人生都是崇高理想的产物。不过,这只是问题的一个方面。另一个不容忽视的方面是,只敢想而不敢做或不愿做的人,也不会拥有成功。

曾有个人问著名思想家布莱克:"你能成为一位伟大的思想家,成功的关键是什么?"

"多思多想!"布莱克回答。

这个人如获至宝地回到家中,开始整天躺在床上,进入"多思多想"的状态。

一个月后,那个人的妻子找到布莱克,愁眉苦脸地诉说道:"求你去看看我的丈夫吧,他从你这儿回去以后,就像中了魔一样,整天躺在床上痴心妄想!"

布莱克赶去一看,只见那个人已经变得骨瘦如柴。他拼命挣扎着爬起来,对布莱克说:"我最近一直都在思考,甚至到了茶饭不思的地步,你看我离伟大的思想家还有多远?"

"你每天只想不做,那你都思考了些什么呢?"布莱克问道。

那人回答道:"想的东西实在太多,我感觉脑子里都已经装不下了。"

"哦!我大概忘了提醒你一点:只想不做的人只能产生思想垃圾。成功像一把梯子,双手插在口袋里的人是永远爬不上去的。"

接着,布莱克举了一个例子:

第九章
回顾失败,在过程中挖掘新的优势

有一个满脑子都是智慧的教授和一位文盲相邻而居。尽管两人地位悬殊,知识、性格更是有着天壤之别,可是他们都有一个共同的目标:尽快发财。

每天,教授都翘着二郎腿在那里大谈特谈他的"致富经",文盲则在旁边虔诚地洗耳恭听。他非常敬佩教授的常识和智慧,并且按照教授的致富设想去付诸实际行动。

几年后,文盲成了一位货真价实的百万富翁;而那位教授依然是囊空如洗,还在那里每天空谈他的致富理论。

成功在于意念,更在于行动。许多人都为自己制定了人生目标,从这一点来说,似乎人人都像一个战略家。但是,相当多的人制定了目标之后却没有落实下去,不敢采取行动,结果到头来仍是一事无成。

"做"即行动,这是成功人生的起点,因为成功来自于身体力行。同样地,也只有通过确实有效的行动,你才能抓住稍纵即逝的机会,追来幸福之神的垂青和厚爱;相反,无论你有多么美好的目标、多么缜密的计划,如果你不实际地行动起来,成功之门永远不会开启。

行动可以改变一个人的态度,因为凡事都不去行动,就不会知道自己的智慧和能力;而采取了行动,你的潜能就会随着行动发挥作用,辅助你由消极转为积极,让你在每天的行动中都享受到成就带来的满足。

托尼是哥本哈根大学的学生。有一年暑假他去当导游。因为他高高兴兴地做了许多额外的服务,几个芝加哥来的游客为了感谢他,就邀请他去美国观光,旅行路线包括在前往芝加哥的途中,到华盛顿特区做一天的游览。

那天,托尼的外套口袋里放着飞往芝加哥的机票,裤袋里则装着护照和钱。他随着游客抵达华盛顿后,就住进了"威尔饭店",有人为他预付了账单,他真是乐不可支。可是后来托尼遇到大麻烦,当他准备就寝时,他突然发现皮夹不翼而飞了。于是,他立刻跑去柜台那里求助。

"我们会尽量想办法。"经理说。但到第二天早晨,钱包仍然没能找到,托尼身上一分钱都没有。自己孤零零一个人在异国,应该怎么办呢?打电报给芝加哥的朋友向他们求援?还是到丹麦大使馆去报告遗失护照?或者坐在警察局里干等?

想了一会儿,他对自己说:"不行,这些事我一件也不能做。现在仍有宝贵的一天可以待在这里,今天晚上还有机票到芝加哥去,一定有时间解决护照和钱的问题。我要好好看看华盛顿,说不定我以后没有机会再来了。我跟丢掉钱包以前的我还是同一个人,那时我很快乐,现在也应该快乐。我不能白白浪费时间,现在正是享受的好时候。"

于是,他立刻动身,徒步参观了白宫、国会山庄和几座大博物馆,还爬到了华盛顿纪念馆的顶端。他去不成原先想去的阿灵顿和许多别的地方,但能看的,他都看得很仔细。

等他回到丹麦以后,这趟美国之旅最使他怀念的是在华盛顿漫步的那一天——如果他没有用敢想敢做的态度去处理那件事,就会白白地浪费那么充实的一天。

几天之后,华盛顿警方找到了他的皮夹和护照,并且送还给了他。

许多失败的人就是因为不敢想、不敢做,结果浪费了大好的机会,与成功失之交臂。他们常犯以下一些毛病:

(1)缺乏自信。

缺乏自信的人很在意别人的批评,很容易听别人的劝告,常常因此陷入优柔寡断的误区而不能自拔。如果在行动中,一直想着"不知别人怎么看的"、"不知别人怎么做的",就无法贯彻自己的行动。

缺乏自信的人必然容易动摇,容易动摇的人必然会半途而废,半途而废的人必然抓不住成功的机会。这简直就是一个"人生失败方程式"。

(2)不敢迈出第一步。

万事开头难,行动的第一步是最难迈出的。很多人拘泥于周全的计划、详细的考虑,把种种困难全部一一挖出,然后在脑海中寻思各种克服的办法,之后又有新的困难产生,结果越来越乱,千头万绪。最终,他们被困难的复杂性与庞大性压倒,在行动之前就已放弃,这种人明显欠缺决断力与行动力。实际上,一个人即使有再准的先见之明,再正确的事先判断,如果不付诸实行,一切都毫无意义。因此,要想成功,最重要的便是行动。

(3)容易半途而废。

克劳德·普里斯顿说过:"我们可以把梦想比喻成利用放大镜来烧东西,把焦距调整好才能使阳光的热集中到一点。在太阳的热度还未达到燃烧的燃点之前,你必须紧紧抓住放大镜不动。我们的梦想也是如此,能否实现就看你能否信心坚定,始终不放弃。"

2.别把困难在想象中放大

有时,困难在想象中会被放大一百倍,然后很多人都会因为相信这些困难不可克服而退缩。事实上,走出了第一步,你就会发现那些麻烦与困难并不是想象的那么严重,只是自己吓自己。

琼斯大学毕业后如愿考入了当地的《明星报》担任记者。这天,他的上司交给他一个任务:采访大法官布兰代斯。

第一次接到重要任务,琼斯不是欣喜若狂,而是愁眉苦脸。他想:自己任职的报纸又不是当地的一流大报,自己也只是一名刚刚出道、名不见经传的小记者,大法官布兰代斯怎么会接受他的采访呢?同事史蒂芬获悉他的苦恼后,拍拍他的肩膀,说:"我很理解你。这就好比躲在阴暗的房子里,然后想象外面的阳光多么的炽烈。其实,最简单有效的办法就是往外跨出第一步。"

史蒂芬拿起琼斯桌上的电话,查询布兰代斯的办公室电话。很快,他与大法官的秘书接上了号。接下来，史蒂芬直截了当地道出了他的要求："我是《明星报》新闻部记者琼斯，我奉命访问法官，不知他今天能否接见我呢？"旁边的琼斯吓了一跳。

史蒂芬一边接电话，一边不忘抽空向目瞪口呆的琼斯扮个鬼脸。接着，琼斯听到了他的答话："谢谢你。明天1点15分，我会准时到。"

"瞧，直接向人说出你的想法，不就管用了吗？"史蒂芬向琼斯扬扬话筒，"明天中午1点15分，你的约会定好了。"一直在旁边看着整个过程的琼斯面色放缓，似有所悟。

多年以后，昔日羞怯的琼斯已成为《明星报》的台柱记者。回顾此事，他仍觉得刻骨铭心："从那时起，我学会了单刀直入的办法，做来不易，但很有用。而且，第一次克服了心中的畏怯，下一次就容易多了。"

每个人都知道在完成自己的目标之前，多多少少会遇到一些困难，但却不是每个人在碰到困难时都会思考：这个困难，到底算不算是"困难"？

自从玛丽嫁到这座农场来的时候，那块石头就已经在这里了。石头的位置刚好位于后院的屋角，而且是一块形状怪异、颜色灰暗的怪石。它的直径大约一公尺，从屋角的草地里凸出将近两公分，一不小心，就会被它绊倒。

有一次，当玛丽使用割草机清除后院的杂草时，不小心碰到了石头，割草机高速连转的刀片就这样被碰断了。因为常常造成不便，所以玛丽就对丈夫说："能不能想个办法，把这块石头挖走呢？"

"不可能挖起来的。"丈夫这么回答，玛丽的公公也表示同意。

"这个石头埋得很深。"公公对玛丽说："从我小时候，这块石头就在这里了，从来没有人尝试把它挖起来。"

石头就这样继续留在了后院里。年复一年，玛丽的孩子们出生，然后成家，接着是玛丽的公公去世，到最后，玛丽的丈夫也去世了。

在丈夫的葬礼过后，玛丽开始打起精神清理房子。这个时候，她看见了那块石头,因为它的关系,周围的草坪始终无法生长良好。

于是,玛丽拿出了铁铲和手推车,准备花上一整天的时间挖走这块石头。没想到才过了十几分钟,石头就开始松动了,而且一会儿工夫就被玛丽给挖了出来。

原来,这颗石头只不过几十公分深而已。于是,那块原本每一代都认定没办法移动的石头,就这样简单地被移走了。

如果玛丽没有亲自动手去做,关于这块石头不可能被搬动的"神话",或许会这样继续流传下去。

困难到底是不是困难,必须动手去做才会知道。如果你只在一旁空想,那么这个世界对你而言,将会是个被重重"困难"包围的可怕环境,而你,永远也无法破除困难,再进一步!所以,面对困难要有理智的态度和全面的权衡,别把困难在想象中放大。

3.对人生不要太早下结论——暂时的弱势,不必自暴自弃

人生就像是长距离的赛跑,除了要有冲劲,还要有毅力,每一次竞赛,不到最后一秒钟,谁也没有把握判断自己能否夺标。所以,暂时的弱势,不必自暴自弃,要不断地努力,才能有获胜的契机。

惠灵顿曾经被他的母亲认为是一个笨孩子。在伊顿公学校时,他被称为笨蛋、白痴、弱智,他在那里被列为最差劲的学生。因为他什么都不懂,所以人们认为他什么都得从头学。他没有表现出任何天赋,也没有表现出任何要参军的意愿。在他的父母和老师眼里,他那勤奋和坚毅的性格特征是对他缺陷的唯一补偿。但是,在46岁那年,他战胜了"战无不胜"的拿破仑。

拒绝怀才不遇
refuse underappreciated

扬·林尼厄斯几乎要被他的老师叫做蠢猪了。当他的父亲发现他不适合做教士时，就把他送进了大学学医。但是，一个默默无闻，却比其他人更有耐心也更有智慧的老师，引导他进入了适合他的领域。此后，无论是疾病、灾难，还是贫穷，都不能把他从这个领域里拉出来。后来，林尼厄斯成为他那个时代最伟大的指挥家。

对人生不要太早下结论。读书时功课拔尖的优等生，走入社会后，不一定能和在学校时一样，事事顺心，样样名列前茅；而在学校表现普通的学生，走入社会后，也有成就傲人或是出类拔萃之辈。所以，对别人或自己都不必太早下结论，也不必太早放弃自己的想法。

清朝康熙年间，浙江有个读书人，精通史学，写得一手好字，但是在穷乡僻壤的家乡没有发展，因而穷困潦倒，最后不得不前往城市去找机会。在举目无亲的情况下，为了填饱肚子，他只好在路边摆摊，以卖字画为生。一位朝廷大臣的管家经过，看见他的字写得很好，便请他回家当孩子的教书先生。有一天，朝中大臣急于想写几封重要的信函，却找不到代笔之人，遂把他找来应急。

他不但把信写得很流畅，字体也很漂亮，大臣便把他留在身边担任文书工作。不久，康熙皇帝发现了他的才气，破格授予他官职，又因表现突出，一路平步青云，升官连连。当他还是乡下来的穷书生的时候，他从未想到过自己会有后来的际遇。如果，当时他对自己的前途失去了信心，而因此对自己早下结论，那么，他的一生有可能就是老死乡间，碌碌无为。

即使处在人生的低谷，我们也要客观地评价自己，而不应自暴自弃、垂头丧气。

我们的人生旅程就像季节有寒暑一样，也会有冷暖交替的变化。情场失意，工作不得志，与家人无法沟通甚至是在同事中不被认同……我们可能因为无法得到他人或是自己的认可而陷入低潮。等到清醒过来的时候，又会觉得当时的行为实在幼稚,或是自责自己曾经是那么的莽撞、轻率乃至无知。于是,我们就这样在低潮与清醒中来回摇摆,最后还是回到原点,几乎没有任何的突破与成长。

人在顺境时得意是自然的事情,但是能在低潮中苦中寻乐,或是让心情归于平静去认识自己,才能帮助自己随着经验而成长。其实,低潮正是好好反省、重新认识自己的时候,没有真正的深思和反省,就不会有透彻的领悟和清醒。有人看了许多书,也听了许多朋友的分析、建议,但最后还是说:"书上写的、朋友说的我都懂,不过,懂是一回事,能不能做又是另外一回事!"他们畏惧改变,或者不耐于等待,因而错失了反省自己的机会。

很多有才气的人就像是蒙尘的珍珠,在没有成功之前,总是受到别人的欺凌和轻视。但是,千里马终会有遇到伯乐的一天,所以,对别人或自己都不要太早下结论。

犹太人说,这世界上卖豆子的人应该是最快乐的,因为他们永远不必担心豆子卖不完。

犹太人为什么不怕豆子卖不完?

豆子卖不完,可以拿回家去磨成豆浆,再拿出来卖给行人;豆浆卖不完,可以制成豆腐;豆腐卖不完,变硬了,就当作豆腐干来卖;而若豆腐干卖不出去,就将其腌起来,变成腐乳。

还有一种选择:卖豆人把卖不出去的豆子拿回家,加上水让豆子发芽,几天后就可改卖豆芽;豆芽如卖不动,就让它长大些,变成豆苗;如豆苗还是卖不动,就再让它长大些,移植到花盆里,当作盆景来卖;如果盆景卖不出去,那么就把它移植到泥土中去,让它生长。几个月后,它就能结出许多新豆子。一颗豆子变成上百颗豆子,那是多划算的事啊!

一颗豆子在遭遇冷落的时候,可以有无数种精彩的选择,一个人更是如此。

人生总免不了要遭遇这样或者那样的失败,确切地说,我们每天都在经受和体验各种失败。面对失败，我们往往会采取习惯的对待失败的措施和办法——或以紧急救火的方式扑救失败，或以被动补漏的办法延缓失败，或以收拾残局的方法打扫失败，或以引以为戒的思维总结失败……条条道路通罗马。当我们失败时，如果能够静下心来，坦然面对，换一个角度去思考，那么在我们从另一个出口走出去时，就有可能看到另一番天地。

李铁是一个很有事业心的人，他在一家销售公司跟着老板一干就是5年，从一个刚毕业的大学生一直做到了分公司的总经理职位。在这5年里，公司逐渐成为同行业中的佼佼者，李铁也为公司付出了许多，他很希望通过自己的努力将企业带入一个更加成功的境地。然而，就在他兢兢业业拼命工作的时候，李铁却发现老板变了，变得不思进取、"牛"气十足，对自己也渐渐地不再信任，许多做法都让人难以理解，而李铁自己也找不到昔日干事业的感觉了。

同样，老板也看李铁不顺眼，说李铁的举动使公司的工作进展不顺利，有点碍手碍脚。不久，老板便把李铁解雇了。

从公司出来后，李铁没有气馁，他对自己的工作能力充满了信心。不久，李铁发现有一家大型企业正在招聘一名业务经理，便将自己的简历寄给了这家企业。没过几天，他就接到了面试通知，然后便是和老总面谈，最终顺利得到了这份工作。工作了一个月后，李铁觉得自己十分欣赏该公司总经理的气魄和工作能力；同时，他也感到总经理十分赏识他的才华与能力。在工作之余，总经理经常约他一起去游泳、打保龄球或者参加一些商务酒会。

在工作中，李铁发现公司的企业图标设计得相当烦琐，虽然有美感，但却缺乏应有的视觉冲击力，便大胆地向总经理提出更换图标的建议。没想到总经理也早有此意，于是顺理成章地把这件事交给了他去完成。为了把这项工作做好，李铁亲自求助于图标设计方面的专业人士，从他们设计的作品中选出了比较满意的一件。当他把设计方案交给总经理的时候，总经理大加赞赏，立马升李铁为公司副总，薪水增加一倍。

是的,被解雇并不是一件坏事,李铁面对无情的解雇,凭借着才能找到了更适合自己的工作,而且得到了一位真正"伯乐"的赏识。

也许在人生低谷的你正在为自己的失业而烦恼不堪。但你要相信,上帝在关上一扇门的同时会打开另一扇窗户,机遇的诞生可能就在这一切发生之时。

4.抛开负面的想象,学习积极的思考

在人们的心目中,都有一些关于自己的想象有的正面,有的负面。正面的想象可以激发前进的脚步,而负面的想象却会阻碍你前进。所以,在追求目标的过程中,要尽量抛开负面的想象。

史蒂芬是一位完全被负面的想象所影响的患者。近40岁的他一直未婚,每天照常上班工作,下班后就关在房间里,从来不出门,也没有其他活动。他换过很多次职业,可每次都干不了多长时间。他的缺陷在于鼻子稍稍高一点儿,耳朵也比正常人稍大一点儿。他觉得自己"丑陋"、"长相滑稽",觉得白天接触的那些人都在嘲笑他,背地议论他太"特别"。这种想象越来越强烈,终于使他害怕在正式场合露面,也怕在人群中走动,甚至在自己的家里也感觉不安全。他甚至想象他的家庭也为他感到"丢人",觉得他"长得太怪",跟"别人"不一样。

实际上,他的面部缺陷并不严重。他的鼻子可称得上是"古典罗马"型;他的耳朵虽然有点儿大,却和成千上万人的耳朵一样,不会引起过多的注意。他的家人在沮丧中带着他一起去找一位外科整容医生,希望能帮助他。大夫看得出来,史蒂芬并不需要整形,只需让他了解一个事实:是他用自己的想象摧残了他的自我意象,以至于认不清自己。其实他并不丑陋,人们也并没有因为他的外表而取笑他或觉得他奇怪,他的苦恼都是由于他的幻想造成的。种种幻想在他的内心形成了一套自动的、否定的、失败的机制,并全速开动着。

当大夫跟他谈过几次以后,同时在他家人的帮助下,史蒂芬逐渐认识到,他的负面想象力确实要对自己的处境负责。后来,他终于建立起了一个真正的自我意象,获得了自信心。

你的行动与感觉并不是一定依照事物的本来面目进行的,而是依照你对这些事物所持的意象来判断。对于你自己、你的世界和你周围的人,你都会产生某种特定的意象。你的表现也会以你所认为的真相和现实为依据,而不是以事物本身的现实为依据。

如果你能够通过想象形成一个清晰的自我图像,这个自我图像就能够帮助你达到最佳状态。

有两位心理学家哈利·格莱森博士和列奥那多.B·奥林格博士宣称,有些精神病患者,只要想象他们自己是正常人,就可能改变他们的处境,缩短他们的住院期限。他们对45位住院治疗的精神病患者进行过试验:他们首先对患者进行一般的性格检测,然后语气平淡地让他们再做一次同样的检测,要求他们把自己看作是"医院外面一个典型的正常人"那样来回答问题。

据这两位心理学家说,3/4的患者在后一次检测中都有了转变,而且是向好的方向转变。让这些患者觉得自己像是"一个典型的正常人"那样对问题做出回答,他们就必须想象出一个典型的正常人会有什么表现,想象自己担任正常的角色,这本身就足以使他们开始在动作上和感情上像一个正常人。

阿尔伯特·爱德华·维加姆博士把人心理上的自我想象称为"人的内心最强大的力量"。很多人改变其自我意象后,自己的个性也发生了种种变化。想象出最佳的自我意象,你就能够做到更好。

5.坚持下去,锲而不舍才能成就传奇

不论是伟人还是凡人,在人生之路的漫漫征途上,都会遇到挫折,而伟人所遇到的挫折可能会更多。"一帆风顺"只是极少数幸运者的专利,大多数人都要经历沧桑与挫折,尝遍挫折所带来的痛苦。值得注意的是,尽管挫折对任何人来说都不可避免,但是,在经历了挫折以后,有的人走向了成功,有的人却走向了失败。造成这种本质区别的根本原因是什么?就在于对挫折与逆境的认识和态度不同。

路易斯·巴斯德是公认的19世纪最伟大的生物学家。他是微生物学的鼻祖,他的成就极大地拓展了医学领域,如立体化学、细菌学、病毒学、免疫学、分子生物学等。他关于大多数传染性疾病均由于细菌感染的发现,即著名的"疾病的细菌源理论",是人类医学史上最重要的发现之一;他对桑蚕疾病的研究成果,拯救了整个丝绸行业。此外,他还开发出了炭疽热、霍乱、狂犬病等多种传染病疫苗。巴斯德的成就不仅止于此,他最为著名的成就当数他所提出的关于加热食品以防止食物腐坏变质,使人体避免细菌中毒的理论。

巴斯德曾多次遭受致命疾病的打击,身体极度虚弱,甚至整个身体的左侧全部麻痹。尽管身体上遭受如此重创,个人生活上也经历磨难,但是,巴斯德始终在坚持,始终在继续自己的工作。就像巴斯德自己所说的那样:"让我来告诉你我实现目标的秘诀吧,我的长处仅仅是不屈不挠而已。"

一个不经历挫折的人,是不可能坚强起来的;同样,不经过挫折磨砺的成功,都是脆弱的。成大事者最大的优点就是抗挫折能力,从不把挫折看成过不去的难关,而是把挫折看成成功前的一场"演习"。一个人没有抗挫能力,必然会一击即倒。

艾柯卡,美国汽车业无与伦比的经营巨子,曾任职于世界汽车行业的领头羊——福特公司。凭借其卓越的经营才能,他的职位节节高升,一直坐到了福特公司的总裁。

然而,就在他的事业如日中天的时候,福特公司的老板福特二世却出人意料地解除了艾柯卡的职务。原因很简单,因为艾柯卡在福特公司的声望和地位已经超越了福特二世,所以他担心自己的公司有一天改姓为"艾柯卡"。

此时的艾柯卡可谓是步入了人生的低谷,他坐在不足十平米的小办公室里思绪良久,终于毅然而果断地下了决心,离开福特公司。

在离开福特公司之后,有很多家世界著名企业的头目都曾拜访过艾柯卡,希望他能重新出山,但都被艾柯卡婉言谢绝了。因为他心中有了一个目标,那就是"从哪里跌倒的,就要从哪里爬起来"。

他最终选择了美国第三大汽车公司,克莱斯勒公司,这不仅因为克莱斯勒公司的老板曾经"三顾茅庐",更重要的原因是此时的克莱斯勒已是千疮百孔、濒临倒闭,他要向福特二世和所有人证明,他艾柯卡的确是一代经营奇才!接管克莱斯勒公司后,艾柯卡进行了大刀阔斧的改革,辞退了32个副总裁,关闭了16个工厂,裁员和解雇人员不断上升,为公司节省了很大一笔开支。整顿后的企业规模虽然小了,但却更精干了。另外,艾柯卡仍然是用自己那双与生俱来的慧眼,充分洞察人们的消费心理,把有限的资金都花在刀刃上。根据市场需要,他以最快的速度推出新型车,从而逐渐与福特、通用三分天下,创造了一个与"哥伦布发现新大陆"一样震惊美国的神话。

1983年,在美国的民意测验中,艾柯卡被推选为"左右美国工业部门的第一号人物"。

1984年,由《华尔街日报》委托盖洛普进行的"最令人尊敬的经理"的调

第九章
回顾失败,在过程中挖掘新的优势

查中,艾柯卡居于首位。同年,克莱斯勒公司营利24亿美元,美国经济界普遍将该公司的经营好转看成是美国经济复苏的标志。

有人曾经在这一时候呼吁艾柯卡竞选美国总统。如果说在福特公司的艾柯卡是福特的"国王",那么在克莱斯勒的艾柯克无疑就是美国汽车业的"国王"。

艾柯卡之所以能创造这么一个神话,完全是受惠于当年福特解职的逆境。正是因为这一挫折,才使艾柯卡的事业进入了第二个春天。艾柯卡的经验证明了一点:能正确面对挫折的人,能从挫折中寻找改变人生的机会。

在现实生活中,人人都追求理想,大家都渴望成功。然而,挫折却像凛冽的寒风一样,摧枯拉朽,残酷无情。若想使春天的幼苗不被寒风刮折,就得拥有抵御寒风的措施。要想在无数次挫折中取得成功,唯一有效的办法就是努力提高自己抵御挫折的能力。

成功的关键就是是否经得起困难的磨炼。如果将每次的困难都看成是不可逾越的高山,那么前一次的困难,就为下一次的困难埋下了种子;如果把困难当作锻炼自己的机会,那么每一次的困难,就为将来的成功奠定了基石。

1832年,林肯失业了,这显然使他很伤心,但他下决心要当政治家,当州议员,糟糕的是,他竞选也失败了。在一年里遭受两次打击,这对他来说无疑是痛苦的。之后,他着手开办自己的企业,可一年不到,这家企业又倒闭了。在以后的17年间,他不得不为偿还企业倒闭时所欠的债务而到处奔波,历尽磨难。后来,他再一次决定参加竞选州议员,这次他成功了。他内心萌发了一丝希望,认为自己的生活有了转机。

1835年,林肯订婚了,但离结婚还差几个月的时候,未婚妻不幸去世。这对他精神上的打击实在太大了,他心力交瘁,数月卧床不起。在1836年,他还得了神经衰弱症。1838年,他觉得身体恢复良好,于是决定竞选州议会议长，可他失败了。1843年，他又参加竞选美国国会议员，这次仍然没有成功。

　　他虽然一次次地尝试，但却是一次次地遭受失败：企业倒闭、情人去世、竞选败北。要是你碰到这一切，你会不会放弃——放弃这些对你来说很重要的事情？但他没有放弃，他也没有说要是失败会怎样。1846年，他又一次竞选国会议员，这次终于当选了。两年任期很快过去了，他决定争取连任。他认为自己作为国会议员的表现很出色，相信选民会继续选举他。但结果很遗憾，他落选了。他又申请当本州的土地官员。但州政府把他的申请退了回来，上面指出："做本州的土地官员要求有卓越的才能和超常的智力，你的申请未能满足这些要求。"

　　接连又是两次失败，但他没有服输。1854年，他竞选参议员，失败了；两年后，他竞选美国副总统提名，结果被对手击败；又过了两年，他再一次竞选参议员，还是失败。

　　在林肯大半生的奋斗和进取中，有9次失败，3次成功，而第三次成功就是当选为美国的第16任总统。屡次的失败并没有动摇他坚定的信念，而是起到了激励和鞭策的作用。亚伯拉罕·林肯面对失败没有退却，没有逃跑，他坚持着、奋斗着，始终信心十足地向命运挑战，所以他迎来了辉煌的人生。

　　以顽强的毅力和百折不挠的奋斗精神去迎接生活的挑战，你才能够免遭淘汰。

　　1985年的一天，班·符特生砍了一大堆胡桃木的枝干，准备做菜园里豆子的撑架。他把那些胡桃木枝装在福特车上，开车回家。一根树枝滑下来，卡在引擎里，车子冲出路外，撞在了树上。班·符特生的脊椎受了伤，两条腿都麻痹了。

　　出事的那年他才24岁，他当时充满了愤恨和难过，抱怨命运的不公。可是时间一年年过去，他发现愤恨不能改变任何事，他也终于明白，大家对自己很好,很有礼貌,自己至少也应该做到对别人有礼貌。

有人问他,过了这么多年,他是否还觉得他所碰到的那次意外是一次很可怕的不幸。他说:"不会了,我现在甚至很庆幸有过那一次事情。"当他克服了当时的震惊和悔恨之后,他的生活开始发生改变。他开始看书,对好的文学作品产生了喜爱。在14年里,他至少读了1400多本书,这些书为他带来了很多新的启示,也使他的生活更为丰富了;他开始聆听很多好听的音乐,以前让他觉得烦闷的伟大的变奏曲,现在却能使他非常感动。而最大的收获是:他现在有时间去思想了。

他说:"有生以来第一次,我能让自己仔细地看看这个世界,有了真正的价值观念。我渐渐明白,以往我所追求的事情,大部分实际上一点价值也没有。"

看书的结果,使他对政治有了兴趣。他开始研究公共问题,坐着他的轮椅去发表演说,由此认识了很多人,很多人也由此认识了他。他成为了最受欢迎的演说家,并出版了许多著作,可以说是缺陷促使了他的成功。

意志的坚强程度体现出来的就是顽强性。它表现在遇到困难和挫折时,能够迎难而上,困难越大,挫折越多,斗志越旺盛,干劲就越足,有一种不达目的誓不罢休的决心、勇气和闯劲。一个人如果有这样坚强的意志,在困难和挫折面前就能激发出无穷的力量和智慧,把自身的潜能充分调动和开发出来。

困难是一个人磨炼意志、提高工作能力和丰富实践经验的最好机会。从困难中,你可以学到通常情况下难以接触到的东西,让自己逐渐变得成熟而勇敢,对工作的处理也会更得心应手。如果学会了在困境中的奋斗,顺境中的事情对你来说便算不了什么了,因为你的技能和意志在困难中已经得到了磨炼和提高。

小提琴家帕格尼尼是一位苦难者。4岁时,一场麻疹和强制性昏厥症使他差点离开人世;7岁患上严重肺炎,不得不大量放血治疗;46岁牙床突然长满脓疮,只好拔掉几乎所有的牙齿;牙病刚愈,又染上可怕的眼疾,幼小的儿子成了他手中的拐杖;50岁后,关节炎、肠道炎、喉结核等多种疾病吞噬着他的肌体;后来声带也坏了,靠儿子按口形翻译他的思想。

可帕格尼尼是一位天才。他3岁学琴,12岁就举办了首次音乐会,并一举成功,轰动音乐界。在他之后的游历经历中,他的琴声遍及法、意、奥、德、英、捷等国。他的演奏使当时首席提琴家罗拉惊异得从病榻上跳了下来,木然而立,无颜收他为徒;他的琴声使卢卡观众欣喜若狂,宣布他为共和国首席小提琴家;在意大利巡回演出产生神奇效果,人们到处传说他的琴弦是用情妇肠子制作的,魔鬼又暗授妖术,所以他的琴声才魔力无穷;维也纳一位盲人听他的琴声,以为是乐队演奏,当得知台上只他一人时,大叫"他是个魔鬼",随之匆忙逃走。巴黎人为他的琴声陶醉,早忘记正在流行的严重霍乱,演奏会依然场场爆满……他不但用独特的指法和充满魔力的旋律征服了整个欧洲和世界,而且发展了指挥艺术,创作出了《随想曲》、《无穷动》、《女妖舞》和6部小提琴协奏曲及许多吉他演奏曲。几乎欧洲所有文学艺术大师如大仲马、巴尔扎克、肖邦、司汤达等都听过他的演奏并为之激动。音乐评论家勃拉兹称他是"操琴弓的魔术师";歌德评价他"在琴弦上展现了火一样的灵魂";李斯特大喊:"天啊,在这四根琴弦中包含着多少苦难、痛苦和受到残害的生灵啊!"

是苦难成就了天才,还是天才特别热爱苦难?这问题一时难以说清。但是,弥尔顿、贝多芬和帕格尼尼被称为世界音乐史上三大怪杰,居然一个是瞎子,一个是聋子,一个是哑巴!苦难是最好的大学,只有不被其击倒的强者,才能成就自己。

想要检验一个人的能力,最好是在他处于困境的时候。看他是否经得起困难的磨炼,困难能否唤起他更多的勇气,能否使他发挥出更大的潜力。

贝多芬是世界著名的音乐家,堪称德国的骄傲,被后人尊为"乐圣",

他给人留下了许多不朽的作品。法国著名作家罗曼·罗兰曾对贝多芬的一生感慨万分:"世界不给他欢乐,他却创造了欢乐来给予世界。"他之所以这样说,是因为贝多芬经历了常人想象不到的磨难。

贝多芬弹得一手好钢琴,正当他奋发向上,准备向新的高峰挺进时,一场可怕的灾难降临到了他的头上——他患了耳炎。这对一个搞音乐演奏和创作的人来说,真是一个致命的打击。他内心受着煎熬,却不愿向别人说出这巨大的不幸,但他的听力日渐衰退,他在田野上漫步时,再也听不到昔日远处牧羊人的歌声和婉转悠扬的笛声了。他痛苦至极,陷入了绝望,他甚至给弟弟写下了遗嘱,想结束自己32岁的生命。然而,坚强的意志和对音乐的热爱以及为艺术献身的信念,使贝多芬鼓起了对生活的勇气。不能再弹琴了,他就转而把精力都投入到了创作上,专门从事音乐创作。有时为了"听"一下曲子的音响效果,他就用一根小木棍,一头咬在嘴里,一头插在钢琴的琴箱里,通过木棍来感受音乐。就这样,经过不懈的努力,患严重耳疾的贝多芬到逝世时,为人类留下了200多部作品,其中有很多不朽之作,如《英雄交响曲》和《命运交响曲》、《热情奏鸣曲》等,而这么多作品几乎都是在他耳聋之后创作的。他用音乐讴歌了欧洲人民反抗封建专制的斗争精神,抒发了他对自由和幸福生活的向往,以他顽强的意志获得了巨大的成功。

把困难看作垫脚石的人,会从困难中体会到快乐和幸福;而把困难看作绊脚石的人,只会从困难中体会到悲哀和失败。在我们身边有这么一些人:他们永远不敢正视困难,对自己也没有任何信心,认为自己做这个不行,做那个也不行,是个彻头彻尾没用的家伙;他们根本无法振作精神,更谈不上与困难面对面地交战;脆弱的心理导致他们经不起一点点挫折打击,即使问题出现转机,有了好机会,他们也会因沉浸在消极沮丧之中而难以察觉,而错过这个好机会。可以想象得到,在一个公司中,最先被解雇的就是他们这样的人。他们需要重新认识一下自己。

一个善于发现自己优势的人,能凭借自己的勇气和毅力跨越磨难的坎。在激烈的竞争中,有的人靠自己的智慧和能力,抢占先机,取得了事业上的成功;有的人却屡遭挫折和困顿,经受着失败的痛苦。成功和失败对于一个人来说总在变化着,你面对的究竟是失败还是成功,很多时候要看你是否能跨过磨难那道坎。

6.再苦也要学会笑,因为笑容能帮你打开机遇大门

生活处处有磨难,关键在于你用怎样的心态去面对。拿破仑·希尔说:一个人能否成功,关键在于他的心态。成功人士与失败者的差别在于成功人士有积极的心态和高昂的热情。

印度有一个古老的故事。佛祖为了消除人们的疾苦,就从人间选了100个自以为最痛苦的人,让他们把自己的痛苦写在纸上。写完后,佛祖说:"现在,请你们把手中的纸条相互交换一下。"

结果,这100个人交换看了别人的纸条之后,个个都非常惊奇。

过去,总以为自己是最"不幸"的人,现在才知道很多人比自己更痛苦,还有什么消沉的理由呢?一切事物都有两面性,问题在于我们自己怎样去审视,怎样去选择。面对太阳,你眼前是一片光明;背对太阳,你看到的是自己的影子。

乐观本身就是一种成功,培养乐观之心,凡事多往好处想,这是心理健康的前提,也是幸福人生的关键之一。

毫无疑问,几乎所有人都喜欢看到面带笑容的脸庞,没人愿意在一个整天愤怒、仇恨、哀怨的人身边多待。

中国人很讲究一个人的运势和影响力,相信和顺利的人在一起可以沾染好运,和倒霉的人在一起会沾染晦气。而在民间的传闻中,对于好运的人也都有这样的描述:印堂饱满红润、光泽如镜。这和眉头紧锁、唉声叹气的

形象有着天壤之别。

因此，如果一个已经陷入困境的人，仍不用心控制和调整自己的精神及面貌，还肆意地把愁苦暴露出来，那么这个人除了能获取一些旁人的可怜、同情，或者幸灾乐祸的嘲笑外，更多的，恐怕是慌忙的躲避。

可见，让自己开朗起来，用乐观和平静去对付各种磨难，除了可以保持自己的格调外，还能赢得更多人的尊敬和关注，同时也能赢得改善生活的机会。

美国总统里根是一个让人印象深刻的杰出人物。和所有出身低微、贫苦的普通孩子一样，他的生活充满了酸涩。但可喜的是，尽管家庭条件异常窘迫，乐天派的他却毫不自卑、胆怯，遇到任何人、任何事，他都是一脸微笑。

里根小时候曾被父母锁在堆着马粪的房间里受训。当家人以为他会大哭大闹的时候，他却拿起一把铲子准备移动那些粪便。面对父母诧异的目光，他兴奋地说："这里这么多马粪，我想，在这附近一定有一只小马！"

最后，所有人都被他独特的想象和超凡的乐观感染，忍不住笑出声来。

正是因为具备这种可贵的特质，所以当困苦和艰难来临的时候，里根没有皱眉愤怒，而是努力地顺应变化——他去球场卖爆米花，去建筑工地做临时工，做公园的业余救生员，在学校餐厅刷盘子……凡是可以独立完成的工作，他都乐意接受。而他所有的付出，都是为了减轻家庭负担，为将来创造机会。

风雨坎坷，里根的人生逐渐呈现出一片绚烂。在从政之前，他做过许多职业，不仅是出色的体育播音员，还曾是一个作品颇多的专业演员（29年间拍摄了51部电影）。在里根69岁这年，他成为了美国历史上年龄最大的总统，同时，他也是第二次世界大战结束后第一位任满两届的美国总统，他终于实现了自己出人头地的愿望。里根很聪明，他用他的自信和快乐——一种始终没有被贫困生活所击败，也没有被富贵的气势所压抑的自信和快乐,打动了整个世界,让生命的奇迹一次次在银幕之外真实发生。

让别人理解自己的痛苦,乐意和自己保持长久的联系并能给予支持和帮助,这就是里根的笑赢得的胜利。

现实生活中,命运常常会突然偏离既定的轨道,让人措手不及。但是,唯有热情、乐观的心是绝对不能和那些外在物质一起失去的!因为,一旦一个人的笑容少了,怨气和晦气就可能会变多,如此一来,这个人遇到困难就容易被彻底击垮,变成一个失意的人。

桑德斯上校是美国肯德基的创始人,而在他创业的历程中,他也是用明朗的笑声和平和的态度迎接机会,并取得成功的。桑德斯退休后,经济状况一度极为糟糕,除了一张只有105美元的救济金支票外,他可以说是一无所有。这个时候,他意识到如果不尽快找到出路,生活的意义就会变成只能等待死亡,于是他开始思考自己能够挖掘的资源。突然,他想到了一份母亲留下的炸鸡秘方。于是,他开始一家一家地询问餐馆,希望能够以秘方入股,分取一定的报酬。然而,很多人都拒绝了他,有的甚至当面嘲笑他。

面对打击和嘲弄,桑德斯上校丝毫没有气馁,他一边修正自己的说辞,一边用心找出能把炸鸡做得更美味的方法,以便有机会说服下一家餐馆。终于,在两年时间里,被整整拒绝了1009次之后,桑德斯的提议被一家餐馆老板接受了。

多年过去了,这个始终微笑的老爷爷所创建的肯德基,已成为世界著名的快餐连锁企业,不断收获着财富和荣誉。

可以想象,要是桑德斯上校面带愁容地去向人介绍秘方,那么有谁会接受这个对自己都失去信心的老人的提议呢?要是他没有用这张可爱的笑脸去开路,我们又怎么能在大街上看到一家家肯德基店铺呢?

笑是一颗种子,让你在等待中收获甜美的果实!笑是一个友好的信号,让那些好事、机会源源不断地进入你的生活!

请检查一下自己的情绪仓库,当你每天带着它出门时,你究竟露出了什么样的表情?给自己和别人什么样的感受?请不要吝惜你的笑容,开朗地笑吧。

7.抱怨是最没意义的事情

很多时候,一件事,一个人,就能令我们长时间地烦恼或者悲伤,抱怨也会随之而来,情况则会变得更加糟糕。我们之所以抱怨,是因为不满,而不满多半是因为对别人的苛求。

之所以说是苛求,是因为别人的样子是你所不能改变一丝一毫的,比如你的老板脾气就是不好,你的同事说话就是有点让人难以接受,你的朋友吃饭的口味就是无法和你保持一致等。对这些,一些人选择了抱怨,但那能怎样呢?完全无济于事,不过是徒增自己的烦恼而已。

与其在抱怨中制造坏情绪,不如试着去改变自己,也许局势就会朝着有利于你的方向发展。

简诃毕业于英国的剑桥大学,又在德国的佛莱堡大学拿到了硕士学位,是位矿冶工程师。他满怀信心地去找美国西部的大矿主刘易斯应聘,却遇到了麻烦。

矿主刘易斯是个脾气古怪又很固执的人,他自己没有文凭,也不相信那些文质彬彬又专爱讲理论的工程师。简诃递上自己引以为傲的文凭,满以为老板会对他另眼相看,没想到刘易斯很不礼貌地对简诃说:"对不起,我可不需要什么文绉绉的工程师。德国佛莱堡大学的硕士,你的脑子里装满了一大堆没有用的理论。"

简诃听了他的话，没有生气地扭头走人，而是故作神秘地说："假如你答应不告诉我父亲，我要告诉你一个秘密。"

刘易斯表示同意，于是简诃对刘易斯小声说："其实我在德国的佛莱堡并没有学到什么，那3年就是混日子。我之所以在那待到毕业，完全是因为我的父亲，他身体不太好，我不想惹他不高兴。"

刘易斯听了，赞许地点点头说："好，那明天你就来上班吧。"

相信大多数人在遇到刘易斯这样一位顽固不化的老板时，都会愤愤地甩手走人，并且会向其他人抱怨自己遇到了一个多么可笑和固执的老板。简诃却没有这么做，他没有抱怨，而是随机应变，迎合了对方的观点，最终得到了这份工作。

抱怨纵然能解一时怒气，但是并不能解决问题，更不能让我们成为最后的赢家。所以，为了更长远的利益，抱怨别人不如改变自己。这是一个发生在美国新闻圈里的真实故事：

H是一家电视台的记者，颇有才华，白天采访财经路线，晚上播报7点半的黄金档，一切似乎都很圆满。偶然的一次，H不小心得罪了顶头上司——新闻部主管，之后，他就被以不适合播报黄金档为由，改播深夜11点的新闻。

H知道这是新闻部主管给自己小鞋穿，但他没有反驳，更没有抱怨，而是欣然接受，他说："谢谢主管，因为我早盼望利用6点钟下班后的时间进修，却一直不敢提。"

从此，H果然每天一下班就跑去进修，并在10点多赶回电视台，预备夜间新闻的播报工作。他把每一篇新闻稿都先详细过目，充分消化，丝毫没有因为夜间新闻不那么重要，而有任何松懈。

由于H的认真和努力，他主持的夜间新闻受到了大家的好评，收视率也有了很大的提高。然后，就有观众不断写信问，为什么H只播深夜，不播晚间？消息传到了台长那里，台长找来了新闻部主管，责令他立刻将H调回7点

第九章
回顾失败,在过程中挖掘新的优势

半的黄金档。

H又回到了黄金档,但是很快,新闻部主管又让学财经出身的H改跑其他路线,这对跑财经已颇有名气的H来说,简直是一种侮辱。H不禁怒火中烧,但他强迫自己冷静下来,依然毫无怨言地接受了。

后来有一天,台长打电话给新闻主管说:"明天有财经首长来参加公司晚宴,请H作陪。"

新闻部主管说:"报告总经理,H已经不跑财经路线了。"

"他怎么能不跑财经路线呢?他不是学财经的吗?不跑也得来参加,他是专家,饭后由他作个专访。"

从此,每有财经界的重要人物来电视台,都由H作陪,并顺便专访。渐渐地,同事们都议论说:"看见没?H现在是大牌了,只有来了重要人物,才由他出面采访呢。"而接受H采访的人也都以此为荣,那些不是由H采访的人,则有了怨言。

"不能厚此薄彼,以后财经一律由H跑,别人不要碰。"台长又发话了。于是,新闻主管部不得不把H"请"回财经记者的位子。

屡次整治H都不成功,让新闻主管很恼火。不久,他又拒绝了H提出的做益智节目的要求,让他去制作一个新闻评论性的节目。这类节目通常是吃力不讨好,收入又不多,而且新闻性节目要赶时间,非常麻烦。

但H仍然没有抱怨地接受了下来,别人都说他傻,他也不辩解。慢慢地,节目上了轨道,有了名声,参加者都是一时的要人。台长见参加者常有重要官员,便要求亲自审核H制作的脚本。之后,H与台长当面讨论节目的机会多了,他也渐渐成了台里的热门人物。一年后,原来新闻部的主管调走了,H理所当然地接任了这个职位。

面对新闻部主管一次又一次的刁难,H都没有抱怨,而是更加努力,终于凭借自己的实力,成了最后的赢家。如果H只是抱怨,那么他也许早就被新闻部主管整走了,哪里还有后来的成绩?

身处社会,就要与形形色色的人打交道,显然并不是每个人都如我们期望的样子,甚至他们会为了某个目的而不择手段,我们奈何不了。抱怨更是无济于事,不如学会忍耐,改变自己,去赢得最后胜利的机会。

8.把握好现在,不要为昨天叹息

美国作家迪斯说过:"昨天过去了,今天只做今天的事,明天的事暂时不管。"

在生活中,有过许多这样的日子:我们常常为昨天的失落,念念不忘、喋喋不休、耿耿于怀;又常常为明天的美丽,意气风发、热血沸腾、斗志昂扬。然而,或许你觉察不到,就在这埋怨与幻想当中,就在这追悔与兴奋当中,我们失去了最宝贵也最容易失去的今天。昨天是失去的今天,明天是未来的今天。只有今天,才是我们真实拥有的。

中外无数成功人士的实例证明,只有把握好今天,才能走出昨天,开创明天。昨天是张作废的支票,明天是尚未兑现的期票,只有今天是现金,有流通的价值。

看过美国影片《阿甘正传》吗?这部荣获过1995年第67届奥斯卡最佳影片、最佳男主角、最佳导演、最佳剧本改编、最佳剪辑、最佳视觉效果6项大奖的电影,向我们讲述的就是主人公阿甘只把握今天,从而创造了自己人生一个接一个辉煌的故事。

阿甘是个智商只有75的低能儿,但是在母亲的关怀和鼓励下,他很早就走出了自卑的阴影,执着地把握着每天的生活。当在学校遭到了同学的欺侮时,他用奔跑来对付他们。而正是这种奔跑,使他顺利地跑进了一所学校的橄榄球场。在橄榄球赛中,他从不想自己是个低能儿,而只管在每场球赛中用最快的步子甩掉对手。这种执着把他送进了大学,并成为大学的橄